湖南省深化水利改革基层创新典型案例

湖南省水利厅 编

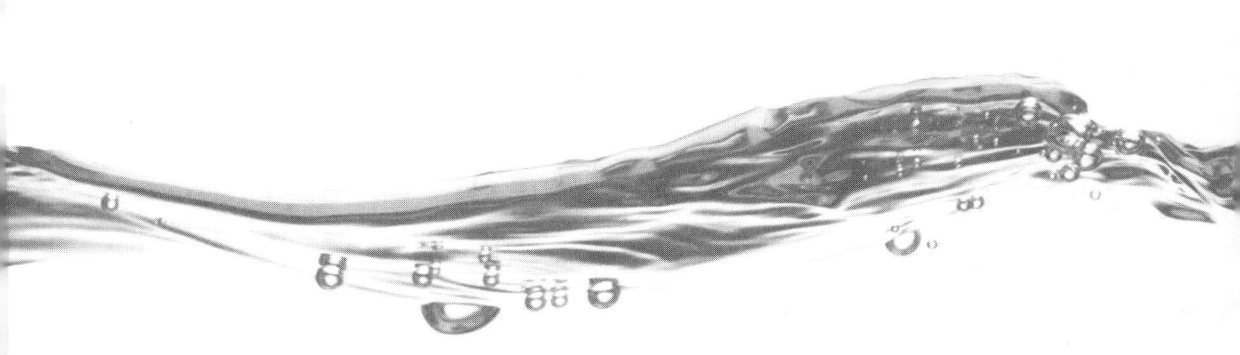

中国水利水电出版社
www.waterpub.com.cn
·北京·

内 容 提 要

本书结合基层水利工作实际，以湖南省内10个县市改革为典型案例，针对水行政管理体制、水资源管理体制、水生态文明体系、水利工程建管体制、水利投融资体制、农村水利机制、水行政执法体系改革等工作要点，归纳与总结改革中的典型经验、存在的问题以及可供借鉴的操作流程，为推动基层水利进一步深化改革提供指导，为水利事业发展助力。

本书可供从事水利体制机制改革、水利工程管护、农田水利发展等水行政管理工作、实务工作以及相关专业的研究人员参考使用。

图书在版编目（CIP）数据

湖南省深化水利改革基层创新典型案例 / 湖南省水利厅编. -- 北京 : 中国水利水电出版社, 2018.9
ISBN 978-7-5170-6945-4

Ⅰ. ①湖… Ⅱ. ①湖… Ⅲ. ①水利经济－经济改革－案例－湖南 Ⅳ. ①F426.9

中国版本图书馆CIP数据核字(2018)第223864号

书　　名	湖南省深化水利改革基层创新典型案例 HUNAN SHENG SHENHUA SHUILI GAIGE JICENG CHUANGXIN DIANXING ANLI
作　　者	湖南省水利厅　编
出版发行	中国水利水电出版社 （北京市海淀区玉渊潭南路1号D座　100038） 网址：www.waterpub.com.cn E-mail：sales@waterpub.com.cn 电话：（010）68367658（营销中心）
经　　售	北京科水图书销售中心（零售） 电话：（010）88383994、63202643、68545874 全国各地新华书店和相关出版物销售网点
排　　版	中国水利水电出版社微机排版中心
印　　刷	天津嘉恒印务有限公司
规　　格	170mm×240mm　16开本　14.25印张　212千字
版　　次	2018年9月第1版　2018年9月第1次印刷
印　　数	0001—3000册
定　　价	**49.00**元

编委会名单

序

水是生命之源、生活之本、生态之基，水利不仅是实现粮食稳产的必要和先决条件，也是支撑新型工业化、城镇化、农业现代化的重要基础。党的十八大以来，党中央、国务院从战略和全局的高度重视水利事业，把握治水脉动，密集推出顶层设计与战略部署，水安全上升为国家战略，治水理念不断升华，河长制全面推进，治水兴水迈入全新时代。党的十九大对于生态文明建设给予了前所未有的重视，明确提出要建设人与自然和谐共生的现代化国家，为满足人民对美好生活需求提供更好的生态产品，实施乡村振兴战略，走生产发展、生活富裕、生态良好的文明发展道路。中央的一系列重大决策部署，为当前和今后一个时期水利改革发展和现代化建设指明了方向、明确了目标。湖南省委、省政府高度重视水利改革，按照新时期“节水优先、空间均衡、系统治理、两手发力”的水利工作方针，坚持科学发展主题和加快转变经济发展方式的主线，全面落实中央关于水利改革发展的一系列重大战略部署，推动水利建设、管理、改革“三位一体”协调并进，水利改革发展成为落实发展新理念、践行新时期治水思路的生动实践。

在推进改革过程中，湖南省高度重视以县市为基础的基层水利工作。习近平总书记指出，全面深化改革任务越重，越要重视基层探索实践，必须鼓励和允许不同地方进行差别化探索，明确了深化水利改革领导小组工作要点，各县市均因地制宜制定工作方案，积极开展水利改革工作，并在基层涌现出一系列改革的典型案例。

2017年4月，省水利厅印发了《深化水利改革领导小组2017年工作要点》，决定在全省征集和遴选基层水利改革典型案例，在此基础上编撰《湖南省深化水利改革基层创新典型案例》，为全省水利改革提供可复制、可参考的改革模板。经各县市自行申报，省水利厅共征集基层典型案例33件，并委托长沙理工大学对征集到的案例进行第三方评估。评估工作分两轮进行，第一轮根据各县市申报材料，经过评估组调查审核，确定18件案例入选第二轮遴选。随后，评估组对这18件案例进行了实地调研，最终确定10件案例作为深化水利改革基层的典型案例，并组织专家组对各项改革的背景、过程、举措、成效、经验、教训等进行了深入细致的分析论证，最终形成了摆在大家面前的这本书。

本书的10件典型案例，涵盖了湖南省水利厅2017年度工作要点确定的七大领域。例如，在水行政管理体制改革方面，怀化市着力加强基层防汛抗旱体系和能力建设，以加强乡、村两级基层建设为重点，突出抓好应急骨干队伍建设和后勤保障建设，进一步建立健全市、县、乡、村四级联动快速高效的防汛抗旱体系。在水资源管理体制改革方面，临武县长河水库建立了高级别的领导小组和"一办七组"协同共管的体制机制，解决不同利益主体之间的水矛盾。在水生态文明体系改革方面，长沙县积极落实中央文件精神，在捞刀河流域开展水生态综合治理工作，着力恢复捞刀河流域生态功能，开展污水处理与管网建设、岸坡整治、清淤治理、湿地建设、水质改善等多项工程。在水利工程建管体制改革方面，南县作为国家小型农田水利设施产权制度改革和创新运行管护机制试点县，探索将财政投资形成的农田水利设施资产转为集体股权，或者量化为受益农户股份的有效方法，解决基层农田水利改革中普遍面临的各种难题。在水利投融资体制改革方面，汉寿县首创全省农村饮水PPP模式，为推进区域供水规模化与监管专业化创造可复制推广的成功经验。在农村水利机制改革方面，长沙县桐仁桥水库灌区自2011年以来，按照“一个原则、两类工程、三项措施、四级管理”的总体思路，逐步推进农业水价综合改革，主动转变水资源价值理念与管理方式。在水行政执法及立法体系建设方面，新化县自获批全省第一批水行政执法责任制试点县以来，全面创新水行政执法理念，加强水行政执法队伍的组织建设、队伍建设和执法能力建设，改革试点经验丰富，成效较为突出。对这些典型经验进行归纳与总结，相信会对我省接下来深化基层水利改革工作发挥积极的指导作用。

“关山初度尘未洗，策马扬鞭再奋蹄”。水利实践永无止境，水利发展任重道远。湖南省作为水利大省、农业大省，水利建设的重要性不言而喻。我们衷心希望能够通过这些典型案例，梳理和总结我省深化水利改革过程中的得失与经验教训，为推动我省乃至全国水利改革工作提供有益的经验。

詹晓安

2018年6月

目录

导论

基层水利改革：

人与自然和谐共生的基础工程

党的十九大明确提出，建设生态文明是中华民族永续发展的千年大计，必须牢固树立社会主义生态文明观，建设人与自然和谐共生的现代化。在这一进程中，要统筹山水林田湖草系统治理，坚定走生产发展、生活富裕、生态良好的文明发展道路，建设美丽中国，为人民创造良好生产生活环境，推动形成人与自然和谐发展现代化建设新格局，为全球生态安全做出贡献，为保护生态环境做出我们这代人的努力！

水是生命之源，以基层水利为重点，加强水资源保护和水环境治理，夯实水利建设的基础，深化水利体制机制改革，推进水生态文明建设，既是生态文明建设的重要组成部分，更是实施乡村振兴战略、建设美丽中国、建设人与自然和谐共生的社会主义现代化的基础工程。湖南是水利大省，水利资源是湖南良好生态环境资源的重要组成部分。在长期的工业化和农业现代化进程中，水利大省有自身的优势条件，但也积累了相应的问题。在深化两型社会建设和加强生态文明建设过程中，如何找准基层水利发展中的短板；如何深化基层水利体制改革，严格水利管理，发挥水资源优势；如何治理水污染；如何利用现代科技加强基础水利建设与管理工作，解决水资源管理和水污染治理中的难题；如何加强水生态建设，更好地保障城乡走生产发展、生活富裕、生态良好的文明发展之路，保障全面建成小康社会等方面有机结合起来，适应中国特色社会主义新时代发展要求，这是摆在湖南水利人面前的紧迫工作与艰巨任务。特别是联系基层水利工作实践，对各方面具有代表性的实践探索进行科学总结，汇集典型案例，为基层水利工作提供参考借鉴，共享改革发展成果，共兴基础水利事业，是一件非常有意义的重要工作。

一、水生态文明建设迎来前所未有的大好时机

建设生态文明是中华民族永续发展的千年大计。水是生命之源，是文明之源，但水资源面临的各种问题，已经严重影响发展的质量与可持续性。水生态在整个生态文明建设体系中的重要作用，已经被广泛深刻地认识到，并在具体和实际的工作中受到日益突出的重视。在打赢污染防治战的过程中，以河长制为代表的各种治水护水措施，达到了前所未有的重视程度与严厉程度。在整体生态文明建设体系中，水生态文明建设的地位更加突出，治理水污染等问题也迎来了前所未有的大好时机。

众所周知，在社会主义现代化建设和改革发展进程中，我国面临的水污染问题广泛而严重。水污染问题的解决不仅需要各方面的配合，还需要相应的时间，长期积累的问题难以在短时间内得到根本解决。因此，国家对于水污染治理和水生态文明建设的重视程度越来越高。近年来，在水污染治理、水生态建设等方面，推出了许多具有重要意义的改革文件与方案，如“水十条”的颁布，《中华人民共和国水污染防治法》（简称《水污染防治法》）的修订，河流与湖泊流域治理的专项工程，水资源税费改革，等等。这些改革，将社会越来越多方面的力量和资源汇聚到水污染治理和水生态建设方面。与水污染问题并存的是水利基础设施、水利管理体制、水行政管理、水资源管理立法和行政执法、农村水利建设机制改革等基础与基层领域的问题，这些问题都是具体的和微观的，但都与人民生活与经济社会稳定发展直接相关，对于建设人与自然和谐共生的社会主义现代化具有直接影响。因此，基础水利工作也将受到更多的关注与重视，更为紧密地成为生态文明建设和绿色发展的重要组成部分。基础水利工作应当置于社会主义生态文明建设和绿色发展这一大背景与大趋势之下来规划与推进。

在全面建设小康社会、提高发展质量和可持续发展水平方面，我国将加强基础设施网络体系建设放在更加重要的位置，在党的十九大报告中，明确“加强水利、铁路、公路、水运、航空、管道、电网、信息、

物流等”九个方面的基础设施网络建设，水利被列在首位。显而易见，在未来的改革发展中，水利建设应当作为关乎基础设施网络建设中民生改善、生态建设、社会发展和人与自然和谐共生的基础工程。然而，各项改革都需要落实到基层，而基层的改革也需要有良好的宏观环境。上下之间形成协同互动的良好格局，解决各种水的问题，水生态文明建设才能拥有坚实宽广的基础。

湖南是水利大省，一方面，水利建设与水资源管理，不仅对于湖南经济社会发展和人民生活，而且对全面建成小康社会，其作用和意义都是显而易见和不可替代的；另一方面，水利工作在湖南的生态文明建设、生态强省建设、湖南可持续发展等方面所具有的影响是基础性、全面性的。水利工作的连续性使得湖南新时代的水利工作既要开拓创新，更要重视已经创造的良好基础。在现有基础上开拓创新，才能更好地体现水利工作自身的性质与特点。本书选择的案例说明的只是过去的成果，也是新起点的基础。在十九大开启的中国特色社会主义新时代里，水利工作要更加发挥好传统意义上的保障功能，支撑全面建成小康社会，要更好地在生态文明建设和绿色发展方面，发挥好新的保障功能和积极作用。

二、基层水利改革创造了丰富经验

水利工作在结合实际方面表现非常突出。它不仅需要结合地方具体地理环境实际，还需要结合季节气候变化等方面的实际；不仅需要重视自然条件，而且需要结合地方经济社会发展状况；不仅需要重视已经拥有的现实基础，而且要重视经济社会发展与体制机制改革需要；不仅要重视遵守好相关政策法规，而且要结合实际进行体制机制管理制度等方面的改革创新，等等。正是这种复杂性、动态性与某种程度的不确定性，才使得水利工作比一般其他工作都更加体现重在基层的特点，以致对于各种已有成功经验与做法都无法照抄照搬，而必须结合实际进行创造性实践和创新性探索。

在湖南的基层水利工作中，各县市结合自身实际所进行的探索与创新各有成效，也各有特色。

（一）水行政管理体制改革

基层水利工作的所有内容与方方面面的要求，都无不彰显和考验着水利工作的硬件能力体系建设与水利工作者的软件能力建设水平。因此，水利工作要将硬件体系与能力体系建设结合起来，提高综合能力与系统化水平。怀化市着力加强基层防汛抗旱体系和能力建设，以整合各类资源和平台为目标，以加强乡、村两级基层防汛抗旱体系和能力建设为重点，突出抓好应急骨干队伍建设和后勤保障建设，进一步建立健全市、县、乡、村四级联动快速高效的防汛抗旱体系，实现由“层级式指挥”向“扁平化指挥”的转变，全面提高防汛抗旱综合实战能力，最大限度地降低洪旱灾害给人民群众造成的生命和财产损失。

（二）水资源管理体制改革

水资源主要取决于自然地理条件。在服务经济社会发展过程中，水资源保护的责任与利益，往往牵涉到不同部门、不同行政区、不同类型的主体的多元利益，临武县长河水库在水资源保护面临多元利益的平衡和协调的过程中，建立了高级别的领导小组和“一办七组”协同共管的体制机制，解决不同利益主体之间的水矛盾，这一有效的实践探索获得了社会的普遍好评。

（三）水生态文明体系改革

水利工作是水生态文明建设的组成部分，并且要进一步立足于水生态文明建设，改进和创新基层水利工作的理念、内容与方式。长沙县积极落实中央文件精神，在捞刀河流域开展水生态综合治理工作，以改善水环境为出发点，着力恢复捞刀河流域生态功能，多举措并举，开展污水处理与管网建设、岸坡整治、清淤治理、湿地建设、水质改善等多项工程。治河过程中在满足河道行洪畅通、岸坡稳定的同时，坚持生态治理，减少硬质护岸措施，充分发挥河流自净修复能力。捞刀河流域共规划了23个湿地，通过湿地净化降低水体富营养化及氨、氮等指标，加强河流水质保护与污染治理，基本实现“水清、岸绿、景美”的治理目标，将水生态文明建设打造出一个新的样板。华容县结合多年的管理经验制定了堤防管理日常管护制度，并加大宣传力度和开展联合执法，落实工程措施，严格奖惩制度，使得县境内堤防管护更加规范化，充分发挥出依法治水的重要作用与积极成效。

（四）水利工程建管体制改革

我国历史上的众多改革都直接或间接地与产权制度相关，而产权制度改革，也同样会对各方面的权、责、利改革产生持续影响。农田水利建设中的产权改革作为水权改革的重要内容，一直受到关注。产权改革，就是要对传统的管理体制与管理方式按照现代水利发展要求，将产权机制应用于水利管理工作的相关领域，明确各种相关资源的产权归属，不同环节的产权责任，形成权、责、利配置科学合理，运行协调有序的制度与机制体系。双峰县在农田水利设施工程建设方面的改革，突出产权问题，科学设计产权结构，发挥制度创新的力量，开发制度创新的“源头活水”，取得了良好成效，形成了独具特色的“双峰经验”。南县作为国家小型农田水利设施产权制度改革和创新运行管护机制试点县，探索将财政投资形成的农田水利设施资产转为集体股权，或者量化为受益农户股份的有效方法，解决基层农田水利改革中普遍面临的聚人心难、筹款项难、管护难、生态保护难、农民增收难等难题。经过改革，水害损失和抗旱支出明显减少，社会和谐和乡村稳定极大提升，农业增收和农民增收显著，美丽乡村日益成型，探索了一条适合平原地区农民增产增收的“南红道路”。

（五）水利投融资体制改革

众所周知，水利建设是一项投资多、见效慢，而且需要持续投资的基础工程，但资金缺乏和“融资难”的问题，是长期横亘在我省民生水利事业发展之路上的重要障碍。如何破解部分地区水利基础设施薄弱、水利投入对财政资金的依赖性较大、社会资本投入水利基础设施建设渠道不畅等系列水利投融资困局，这在长期以来都没有寻找到有效途径。改革开放以来，在市场经济体制下，如何发挥好市场机制的作用，吸收社会资源投入水利建设，解决水利建设中的问题，依然是实践工作中需要结合实际进行探索的重要领域。汉寿县明确“PPP 融资、政企合资、特许经营”的建设思路，创新了水利融资模式。江东湖水厂成功融资 1.26 亿元，成为湖南省第一家以 PPP 模式建设的农村水厂。它们在推进投融资体制改革，大胆利用市场机制解决水利工作中的投资不足问题方面进行的探索，是颇有启示的，其经验与做法堪资借鉴。

（六）农村水利机制改革

水利工作需要与时俱进，积极适应与主动配合时代发展要求，在供给侧结构性改革成为改革的主线的时代，水利工作要将供给侧结构性改革的思想与要求体现到具体的改革发展工作之中。长沙县桐仁桥水库灌区自2011年以来，按照“一个原则、两类工程、三项措施、四级管理”的总体思路，逐步推进农业水价综合改革，适应市场经济发展与供给，主动转变水资源价值理念与管理方式。通过两年的实施，在合理核定水权、科学调整水价的基础上，建立了灌区水权管理体制和水价形成机制，完善了与县域经济发展相适应的农业供水、灌溉管理模式，体现了“智慧水务”在水利管理中的科技支撑作用，加强了农民用水户协会的履职能力建设，解决了百姓喝水与作物用水矛盾，实行了全灌区供水的自动计量，体现了“水是商品”的理念，达到了节约用水和保护水生态的总体目标。

澧县积极以国家和省级各类改革试点为契机，推动本县农田水利综合改革。坚持试点先行、循序渐进，按照“4＋1”的改革模式，遵循“以点带面、有序推进”的改革思路，强化举措，纵深探索，基本实现了建管一体化、管护规范化、奖补长效化、产权明晰化、水价补贴精准化、基层水利服务体系建设标准化的“六化”改革目标，打造“生态水利、智慧水利、高效节水、资源共享”的现代农田水利示范区，克服了农田水利工程“没人管”“没钱管”“没制度管”的难题，形成了可复制、易推广的改革模板，实现了农业节水减排和农田水利工程良性运行的改革目的。

（七）水行政执法及立法体系建设

在社会主义法治国家建设进程中，依法治水、依法管水、依法用水等都是必然要求，是加强和改进基层水利工作的保障机制和重要内容。新化县获批全省第一批水行政执法责任制试点县以来，以水域管理范围“全覆盖、无盲点”为抓手，全面创新水行政执法理念，着力推进体制机制改革和能力建设，把责任制贯穿到执法工作的全过程，坚持做到“六个到位”：领导重视认识到位，队伍建设能力到位，执法机制职责到位，信息采集监管到位，联合执法协调到位，督查考核激励到位，充分调动、整合、凝聚水行政执法力量。

三、努力开创基层水生态文明建设新局面

党的十九大开启了中国特色社会主义新时代，开启了社会主义现代化建设的新征程。对于基层水利工作来说，充分满足全面建成小康社会要求，充分适应经济社会发展需要和乡村振兴战略要求，还面临不少困难，还存在一定差距。水污染治理，水资源管理与高效利用，以水权为主要内容的体制机制改革创新，投资体制改革，网络体系建设，水利系统的人才队伍建设等，都是具有共性的问题。但水利工作必须跟上时代发展步伐，立足于水生态文明和整体生态文明建设，提高对水利工作的认识，开阔水利工作视野，创新水利工作理念与工作方式，深化水利体制改革，加快水利发展方式转变，筑牢压实水利工作的微观基础，努力开创基层水生态文明建设新局面，为经济社会发展与人民生活提供安全可靠的水利保障，为建设人与自然和谐共生的社会主义现代化做出更大贡献。

就湖南基层水利部门“十三五”期间的改革发展来说，总体上要坚持好“创新、协调、绿色、开放、共享”五大发展理念，全面落实好习近平总书记“节水优先、空间均衡、系统治理、两手发力”十六字治水方针，协同推进农村、城市、生态“三大水利”，加速构建包括防洪网、供水网、灌溉网、水生态网和水利信息网的“五大水利网”，确保防洪、供水、生态“三个安全”，有效克服水利领域存在的系统性生态问题。到2020年，要实现“六大目标”：一是防洪抗旱减灾体系进一步完善；二是水资源利用效率和效益大幅提升；三是城乡供水安全保障水平显著提高；四是农村水利基础设施条件明显改善；五是水生态治理与保护得到全面加强；六是水利改革管理工作取得重要突破。通过这些改革创新，更好地发挥水利系统的力量，促进我国更好地实现人与自然和谐共生的现代化。

（一）水生态文明建设要更好体现自身规律与特点

人与自然是生命共同体，也是文明共同体。人类的生存与文明发展，

必须尊重自然、顺应自然、保护自然。山水林田湖草是大自然的有机生命共同体，人类只有遵循自然规律才能有效防止在开发利用自然上走弯路，才能在文明发展中不出现异化。要知道，人类对大自然的伤害最终会伤及人类自身，这是无法抗拒的规律。必须树立和践行“绿水青山就是金山银山”的理念，坚持节约资源和保护环境的基本国策，像对待生命一样对待生态环境，实行最严格的生态环境保护制度，形成绿色发展方式和生活方式。因此，要深化对水利工作的自然规律的认识，将各项工作建立在科学把握自然规律、尊重自然规律的基础之上，落实在顺应自然与保护自然的要求之中。特别是水生态领域的系统性问题是最难以克服的。治理生态的系统性问题，必须以系统的治理方法来解决，用系统性的力量来保障。从整个生态系统的角度来说，基层水利工作的重要性与复杂性，决定了这一领域的改革也具有自身独特的重要性与复杂性，同时也具有自身特殊的困难。因此，要抓住水利工作重在基层的特点。

（二）水生态文明建设要更好满足经济社会发展的需要

在中国特色社会主义新时代，社会主要矛盾发生了重大变化，水利工作要积极适应这种变化，更好地服务时代发展。一是社会主要矛盾发生变化，要提供更多优质生态产品以满足人民日益增长的优美生态环境的需要。水利工作要从满足人民对美好生活需要的角度，为人民创造更多更好的水生态产品。二是要从经济活动与生产发展的角度，为人民获得更多更好的生态产品提供更好的水生态条件保障。就与人民生活的相关度而言，基层水利工作是典型的民生工程；就与整个经济社会可持续发展的关系而言，基层水利则是重要的战略工程，它也是提供良好生态产品与美丽内涵的重要载体。三是要从美丽中国建设、实施可持续发展战略、促进人与自然和谐共生的角度，为世界生态安全提供更加充分可靠的水生态保障。基层水利是整个水生态系统的“毛细血管”，大江大河的治理，离不开小河小湖的作用。具体水生态系统的保护修复都是具体实在的基层工作。四是要从乡村振兴战略的角度，提供更好的水生态资源保障。我国进入中国特色社会主义新时代的乡村振兴战略，并不只是狭义上的乡村振兴。从广义的角度来说，乡村振兴，必须立足于国家发展、社会发展的整体系统来理解把握和定位。水对于广大农村的意义是不言而喻的，对于乡村振兴战略的影响是基础性的，对于乡村生态文明建设，对于美丽乡村建设，更是基础性与根本性的条件。

（三）深化水利体制机制改革创新，加强法治水利工作

水利工作必须各方面都适应体制改革与法治社会建设要求。一是如何通过深化改革，特别是水权改革或水资源的产权改革，解决好水利建设中的各种资源如何统一配置，如何发挥水价等市场化机制的作用；水污染面临的复杂性问题如何解决；基层河长制的实施如何与经济发展与民生改善统一起来并且相互促进等方面的问题。二是水利工作中的人才问题、制度问题、机制问题、资源问题、资金问题、技术问题，以及水利与其他领域的工作关系问题等等，要有系统协同的管理与评价机制，要科学规划、统筹优化。三是与水相关的法律制度与政策制度，要更加协同有效地落实到水利工作实践之中，坚持依法治水，规范行政主体责任与行为；依法管理，严格权责利的激励与约束；依法问责，让法治成为提高水利工作科学性、规范性与有效性的主要机制。

（四）更好利用现代科技力量提升基层水利建设的现代化水平

在互联网和大数据时代，网络是一种重要的手段，信息是一种日益重要的资源。基层水利工作要更好地对接现代科技手段，增加投入，加强水利系统现代科技手段建设，加强培训，提高水利人应用现代科学的能力，用好信息资源，促进信息共享、问题共防、污染共治、规章共守，在发展方式与管理方式上进行改革创新，进一步提高水利工作的协同性、系统性与可持续保障性。

（五）加强水利工作的基层组织建设

组织保障主要体现在两个方面：一是从管理学角度来说的组织保障，不断优化组织管理模式与机制设计，促进管理体制的科学化与高效化；二是从政党体制角度来说的组织保障，即要以坚强的基层党组织对于水利工作的使命担当来彰显党的力量与形象，提高党组织在基层水利工作中的凝聚力、领导力与统筹力。这样，一方面有利于加强党对水利工作的领导；另一方面也有利于在改革时代形成独特而坚强的组织力量与保障力量。

第一章

水行政管理体制改革

行政管理体制改革是整个水利改革的核心内容与关键环节，牵一发而动全身，它的主要要素是行政职能、行政机构和运行机制，其中转变政府职能是行政管理体制改革的核心，机构整合是重要载体，完善运行机制则是一项应该常抓不懈的任务。加快行政管理体制改革的主要任务是着力转变职能、理顺关系、优化结构和提高效能，形成权责一致、分工合理、决策科学、执行顺畅和监督有力的行政管理体制，建立公共服务型政府，实现治理体系与治理能力现代化。通过改革提供优质公共服务、维护社会公平正义，实现政府组织机构及人员编制向科学化、规范化和法制化，行政运行机制和政府管理方式向规范有序、公开透明、便民高效的根本转变，建设一个令人民满意且管理能力、服务力与公信力强的政府。

在水行政管理体制改革中，水行政管理职能转变是核心。当前要紧紧围绕水利改革发展中心工作，并切实做好七项重点工作。一是深化行政审批制度改革。进一步简政放权，减少水利行政审批事项。二是理顺政府部门职责关系。减少部门职责的交叉和分散。三是合理划分中央地方事权。明确中央与地方水利事权划分的总体要求、基本原则、主要范围、责任主体和工作要求。四是强化流域机构职能作用。健全流域综合管理体制机制。五是加快事业单位分类改革。按照政事分开、事企分开和管办分离的要求，以促进水利公益事业单位发展为目的，以科学分类为基础，以深化体制机制改革为核心，大力推进部属事业单位分类改革。六是推进水利行业社团改革。按照中央关于社会团体改革的总体要求和国务院有关部门的工作安排，加快实施政社分开，有序做好行业协会与行政机关真正脱钩工作，推进水利社团明确权责、依法自治、发挥作用。七是严格抓好机构编制管理。严格按规定职数配备领导干部，严格控制财政供养人员总量，降低行政成本。

湖南省水行政管理体制改革，主要由《湖南省水利厅深化水利改革领导小组2017年工作要点》对其进行了规定。第一，合理划分水利事权。修订完善湖南省水利事权划分规定，合理划定水利项目省级与市县管理权限。配合财政厅出台省级及以上水利建设管理投资补助办法，推动建立水利事权划分与支出责任相匹配的机制。第二，进一步下放部分审批权。着力推进简政放权，将生产建设项目水土保持方案及省管河道涉河项目审批权限进一步下放至各市州。第三，加强下放事项监管。出台下放审批事项合规性复核办法，加强省下放地方审批事项事中事后监管。湖南省除了印发《湖南省水利厅深化水利改革领导小组2017年工作要点》，对湖南省水行政管理体制改革进行了主要规定外，还印发了《湖南省水利厅水行政审批制度改革实施意见》，对水行政管理体制改革中的水行政审批制度改革进行了规定。

怀化市着力推进基层防汛抗旱体系和能力建设，进行了水行政管理体制改革。防汛抗旱是基层水行政管理的重要内容，也是检验基层水行政管理体制的重要标尺。其积极整合各类资源和平台，以加强乡、村两级基层防汛抗旱体系和能力建设为重点，突出抓好应急骨干队伍建设和后勤保障建设，全面建成了“四个一”（一个坚强有力的前沿阵地，一支反应迅速的机动队伍，一套切实管用的应急预案，一个上下贯通的工作机制）、四位一体、四级联动的一键式基层防汛抗旱体系，实现由“层级式指挥”向“扁平化指挥”的转变。其主要通过基层防汛抗旱体系和能力中的阵地建设、队伍建设、工作机制建设，实现了水行政管理体制中的行政机构和运行机制改革，最终推动了水行政管理体制改革。

湖南省水行政管理体制改革的下一步工作，除了继续以怀化基层防汛抗旱体系和能力建设改革案例为范本，抓好机构编制管理外，还需在其他几方面开展重点工作。第一，坚持依法治水。一方面狠抓水法规的贯彻落实，另一方面更应强调严格依法办事，建立起依法行政工作的长效机制。第二，推进简政放权。应以水行政审批制度改革为重点，处理好政府、市场、社会之间的关系。通过编制水行政权力清单、责任清单，积极推进简政放权。第三，坚持政务公开。主动“走出去”，始终树立以人为本的思想，与社会互动，接受社会监督，打造阳光、透明、服务型机关，健全公共服务体系。

围绕"四个一"建设
打造一键式防汛抗旱体系

——怀化市着力推进基层防汛抗旱体系和能力建设

【操作规程】

防汛抗旱是基层水行政管理的重要内容，也是检验基层水行政管理体制的重要标尺。全面推进基层防汛抗旱体系和能力建设，是保证人民生命和财产安全的内在需求，其目标是全面建成"阵地保障有力，队伍反应迅速，预案切实管用，机制上下贯通"四位一体、四级联动的一键式基层防汛抗旱体系，实现由"层级式指挥"向"扁平化指挥"的转变。

一、工作步骤

（一）阵地建设

（1）加强县级防汛办能力建设，搭建现代化、信息化的指挥平台，打造一支素质高、反应快、能力强的防汛抗旱专业队伍，储备一批数量足、质量高、能管用的防汛抗旱应急物资。

（2）可以依托乡镇（街道）便民服务中心成立乡镇防汛抗旱指挥部，建设内容包括：一个规范标准的办公场所，一个设备齐全的值班休息室，一个配有必要物资的简易仓库，一套远程视频会商系统。

（3）村级可以成立防汛抗旱工作站，装备防汛应急包、防汛抢险物资，配备办公设备，建立健全的应急预案、工作制度等。

（二）队伍建设

（1）发动防汛抗旱的"人民战争"，建立以基层党委政府、村支两委、党员干部、民兵预备役、扶贫工作队为骨干力量，以水利工程管护、地质灾害巡查、医疗救助、核灾报灾等专业人员为基本力量，以企业救援队和青壮年志愿者为辅助力量的基层防汛抗旱队伍。

（2）明确基层防汛抗旱职责。乡镇要整合水库管护、地质灾害巡查、灾险情统计核报等力量；村级防汛要切实提高“值守巡查、监测预警、疏散转移、抢险救灾、宣传教育”5种能力。

（三）应急能力建设

（1）预案覆盖全面化，做到“一库一册、一堤一册、一工程一册、一单位一册”，不留死角，并不断修订完善应急预案，定期或不定期地组织开展预案演练，让应急预案家喻户晓。

（2）预案管理卡片化和预案启动程序化，实施预案启动模块化、网络化和编程式、扁平式管理，四级联动，一键式启动。

（四）工作机制建设

（1）搭建高效权威的指挥平台，增强各级防汛机构统一决策、统一调度、统一指挥职责职能，进一步提高会商研判、参谋决策、调度指挥服务水平。

（2）加强资源整合能力建设，整合水利、国土资源、交通运输、民政等各类资源，充分发挥山洪灾害预警平台作用。

（3）加强信息共享能力建设，加大水文、气象、国土资源、智慧城市、平安工程、村村响工程等信息共享力度，为防汛抗旱提供强大的信息查询、交换、发布等服务功能。

二、工作流程图

怀化市基层防汛抗旱体系和能力建设流程如图1-1所示。

【典型案例】

从2016年开始，怀化市委市政府决定全面推进基层防汛抗旱体系和能力建设，以乡村为单位，全面完成“四个一”建设，即建设一个坚强有力的前沿阵地，打造一支反应迅速的机动队伍，完善一套切实管用的应急预案，建立一个上下贯通的工作机制，提升科学防控、应急处置、立体作战、高效联动“四种能力”，进一步建立健全市、县、乡、村四级

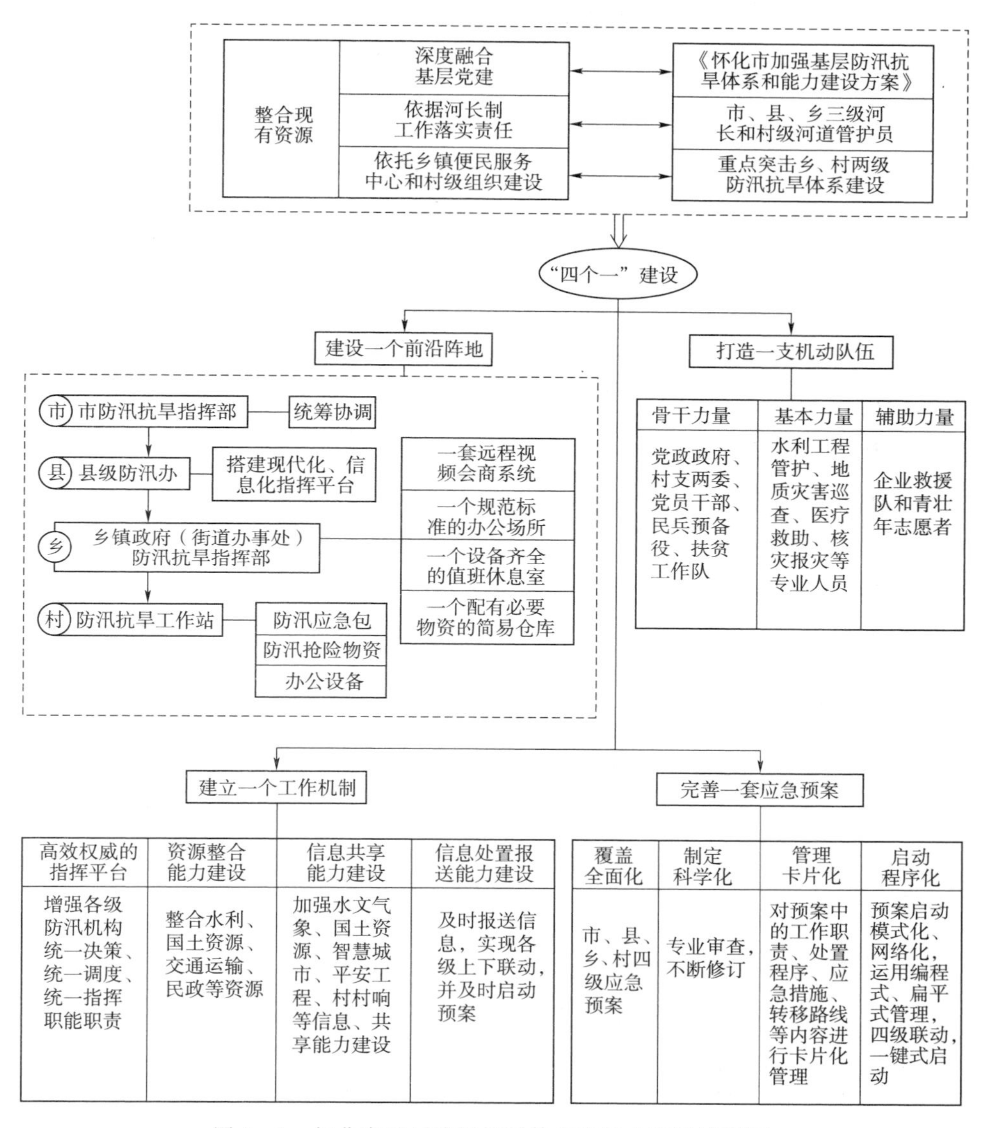

图1-1　怀化市基层防汛抗旱体系和能力建设流程图

联动快速高效的防汛抗旱体系，全面提高防汛抗旱综合实战能力，最大限度地降低洪旱灾害给人民群众造成的生命和财产损失。目前，基层防汛抗旱体系和能力得到有效夯实。

一、怀化市加强基层防汛抗旱体系和能力建设的背景

（一）怀化市水利概况

怀化，别称鹤城，古称鹤州、五溪，位于湖南省西南部，南接广西，西连贵州，与省内邵阳、娄底、益阳、常德、张家界等市和湘西土家族苗族自治州接壤，素有“黔滇门户”“全楚咽喉”之称，今有湖南“西大门”之美誉。怀化市国土总面积2.76万平方公里，山地面积占国土总面积的88.4%，下辖沅陵、辰溪、溆浦、麻阳、新晃、芷江、中方、会同、靖州、通道、鹤城、洪江市、洪江区等13县（市、区）、204个乡（镇）、2769个行政村（社区、居委会），总人口525.5万人。是全国性综合交通枢纽城市，武陵山经济协作区中心城市和节点城市。

怀化地处湘中丘陵向云贵高原的过渡地带，生态环境优良，全市森林覆盖率达到68.7%，是全国九大生态良好区域之一，被誉为一座“会呼吸的城市”。怀化还是国家环保部正式命名的湖南省首个市级“国家生态示范区”。2014年11月17日，怀化市入围第二批全国生态文明示范工程试点市。2015年7月，怀化全境纳入国家重点生态功能区。2017年，怀化成功创建省级文明城市。

怀化市水资源丰富。境内共有大小河流2716条，除沅水干流外，流域面积大于1000平方公里以上的有渠水、舞水、巫水、溆水、辰水、酉水6条沅水一级支流，流域面积500～1000平方公里的河流有10条，流域面积50～500平方公里的河流有138条，河流总长度17704.52公里，河网密度为0.64公里/平方公里。目前共建成水库1314座，有效灌溉面积191.3千公顷，占耕地面积的54%，各水利工程类型及数量见表1-1。

表1-1　　怀化市水利工程类型及数量

类　型	数　量	类　型	数　量
大型水库	11座	中型水库	49座
小（1）型水库	233座	小（2）型水库	1021座
水闸	250处	塘坝	5.6万处
水轮泵站	1587处	农村饮水工程	1418处
堤防	759.22公里	大中型灌区	9737处（其中大型1处、中型28处，小型9708处）

（二）改革由来与过程

怀化市属中亚热带季风湿润气候区，四季分明，雨量充沛，但降雨时空分布不均，年内年际变化较大，全市多年平均降水量1329.6毫米，年内降水分布不均，4—7月降水占全年降水量的50%以上。怀化山高、溪长、水密，属洪旱灾害频发的地区，加之地处沅水中上游，流域水库电站密集，不仅防汛减灾责任重大，而且事关洞庭湖区的防汛安全。同时，由于乡、村两级基层组织防汛抗灾软硬件等基础相当薄弱，实战缺少阵地，担责缺乏支撑，工作缺乏保障，已成为怀化市防汛抗旱最突出的短板和最大的心病。

为解决上述难题，2016年以来，怀化市将工作重心由过去下“硬功夫”逐步转移到提升“软实力”上，提出了融合基层党建、开展基层防汛抗旱体系和能力建设的思路，建好乡村两级防汛抗旱阵地，提升基层“短平快”机动作战能力。这一思路得到了市委市政府的高度重视，市委常委会、市政府专题办公会先后专题研究部署，开展基层防汛抗旱体系和能力建设、全力筑牢防汛抗旱基层堡垒在全市上下达成共识。2016年7月29日，怀化市委市政府出台了《怀化市加强基层防汛抗旱体系和能力建设工作方案》，正式启动了以乡、村两级为重点的阵地、队伍、预案、机制“四个一建设”。在市委市政府的强力推动下，全市上下积极行动，市防指下发了实施方案、验收标准，印发了《怀化市基层防汛抗旱体系和能力建设50问》10万册，指导各地推进标准化、规范化建设。市两办督查室和市防指、市水利部门先后开展4次专项督查，对发现的问题及时整改，确保了建设进度和建设质量。各县（市、区）作为责任主体，筹集整合建设资金1亿元，全力推进体系建设，到2016年年底全面完成了建设任务，建设指标见表1-2。

表1-2　怀化市防指验收各地基层体系建设指标表

建设任务	数量	建设任务	数量
防汛抗旱指挥机构	2973个	物资仓库	730间
值班室	1520间	抢险队伍	6.2万人
休息室	240间	修订防汛抗旱预案	5139套

二、怀化市加强基层防汛抗旱体系与能力建设的举措

2016年以来，怀化市紧紧围绕提升科学防控、应急处置、立体作战、高效联动“四种能力”建设，以乡、村两级为重点，全面建成“阵地保障有力，队伍反应迅速，预案切实管用，机制上下贯通”四位一体、四级联动的一键式基层防汛抗旱体系，实现由“层级式指挥”向“扁平化指挥”的转变。

（一）建设一个前沿阵地，提升立体作战能力

怀化市加强基层防汛抗旱体系和能力建设的首要步骤，是建立一个坚强有力的前沿阵地，切实提升立体作战能力，建立与新形势、新要求相适应的设施齐全、功能完善、管理规范的基层防汛抗旱前沿阵地。怀化市四级防汛抗旱体系图如图1-2所示。在市级层面，市防汛抗旱指挥部统筹协调全市防汛抗旱工作，建立市级防汛抗旱指挥平台。在县级层面，进一步加强县级防汛办能力建设，加大防汛抗旱硬件建设力度，搭建一个现代化、信息化的指挥平台。在乡镇层面，依托乡镇（街道）便民服务中心设立乡镇政府（街道办事处）防汛抗旱指挥部，加强“四个一”基层防汛抗旱体系阵地建设，包括一个规范标准的办公场所、一个设备齐全的值班休息室、一个配有必要物资的简易仓库、一套远程视频会商系统。在村级层面，建立防汛抗旱工作站，装备防汛应急包、防汛抢险物资，配备办公设备，建立健全应急预案、工作制度等。

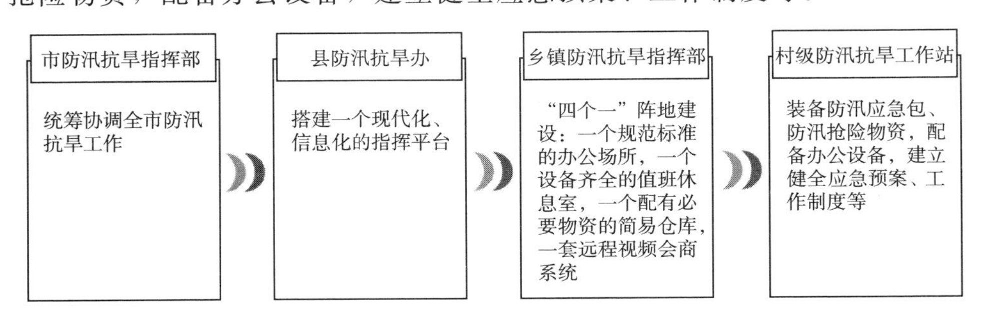

图1-2　怀化市四级防汛抗旱体系

每个乡镇（街道）防汛抗旱指挥部原则上按不少于10万元标准进行建设，市财政对验收合格的乡镇给予一定奖补。建成后，按每乡镇（街

道）每年不低于2万元的标准将运行维护经费列入县级财政预算，确保长效运行。

经过一年的建设，基层阵地全面建成。截至2016年年底，全市共投资7865万元，完成204个乡镇（街道）2769个行政村建设任务，设立指挥机构2973个，新建防汛值班室1520间，休息室240间，物资仓库730间，落实抢险队伍5.4万人，修订防汛抗旱预案5139套。中方县已建成水库（河道）水位雨量自动监测站15个、水库（电站）高清视频监控9处；建设防汛预警广播站167处，与“村村响”工程整合后达800多处；气象部门升级改造自动雨量站18个，与气象、水文、防汛站点整合后达46个；建设乡镇防汛视频会商系统12套。辰溪县结合前期非工程措施建设成果，先后完成了县本级、23个乡镇和273个行政村（社区）的建设任务，该县共计投入建设资金285万元，其中县级防汛抗旱物资储备仓库建设50万元，改造县防汛抗旱值班室5万元，乡镇建设经费230万元。通过此次体系和能力建设，县级防汛办办公室和值班室得到了改造；23个乡镇水管站工作力量得到充实和加强，办公条件有所改善，乡镇、村的阵地建设资料上墙基本完成，基本保障了乡镇防办的人员、办公、休息、仓储、视频会议功能齐全和配套完善，有效提升了科学防控、应急处置、立体作战、高效联动“四种能力”，初步建成了乡村“阵地保障有力、队伍反应迅速、预案切实管用、机制上下贯通”四位一体、四级联动一键式的基层防汛抗旱体系。防汛抗旱值班室物资储备如图1-3所示。

（二）打造一支机动队伍，提升应急处置能力

一支“呼之则来，来之则战”的基层防汛抗旱队伍，能在灾害来临时发挥不可或缺的作用。怀化市以基层党委政府、村支两委、党员干部、民兵预备役、扶贫工作队为骨干力量，以水利工程管护、地质灾害巡查、医疗救助、核灾报灾等专业人员为基本力量，以企业救援队和青壮年志愿者为辅助力量的基层防汛抗旱队伍，落实抢险队伍6.2万人。如中方县在县、乡镇、村均设立了防汛抗旱工作机构，特别是进一步加强了乡镇防汛办工作台人员配备，根据地域管辖范围和水利工程运行情况安排工作人员：一类乡镇安排水利岗位人员不少于5名，二类乡镇安排水利岗位人员不少于4名，三类乡镇安排水利岗位人员不少于2名。

图 1-3　防汛抗旱值班室物资储备

按照要求，设立乡镇政府（街道办事处）防汛抗旱指挥部和村级防汛抗旱工作站。落实好相关人员，充实防汛应急抢险力量，备齐相关物资，抓好工作制度。乡级防汛应急抢险队要整合水库管护、地质灾害巡查、灾险情统计核报等力量；村级防汛应急分队则要切实提高“值守巡查、监测预警、疏散转移、抢险救灾、宣传教育”5种能力。辰溪县防汛抗旱体系能力建设如下：

（1）阵地建设。先后完成合并后乡镇、村组上墙制度牌2108块（含天气状况表、合并后的水利设施分布图等），防汛抗旱工作站牌293块，铁皮柜26个；统一定制规范防汛抗旱值班记录本100本，水库（骨干山塘）巡查记录本300余本；统一规范乡镇、村组、水库（骨干山塘）防汛应急预案350余套。

（2）人员配置。特别针对人员配备和场所建设这两个老大难问题做出具体调整。一是要求每个乡镇水管站按照不低于2人的标准进行配备，乡镇有富余人员可以调剂的，优先满足防汛抗旱工作人员需要；在编没有富余人员调剂的，要求有关乡镇在11月底以前向县民政局、编办提出书面申请，请求安排复退军人到乡镇水管站。二是要求23个乡镇防汛抗旱办公场所设各乡镇水管站，办公室用房不少于2间（含视频会商和值班休息室）。

（3）前期建设承接。依托前期非工程措施建设的成果，该县对各乡镇防办的计算机、传真打印一体机和小型发电机进行了维修、更换和添置，检修了各乡镇的视频会商系统、简易雨量器，落实了各乡镇防办办公室和值班室调整、热水器、饮水机、发电机等，并对各乡镇的防汛预案进行了摸底、调整和统一。

（4）物资补充。共下发各乡镇、村组雨衣4080件、雨伞1695把、雨靴4080双、救生衣5545件，均色彩醒目且印有“辰溪防汛”明显标识；铁锹（圆尖头、方头）6320把、值班计算机和打印机各23套，均胶贴“防汛专用”明显标识；手提式应急照明灯816件、强光手电1580只、高频口哨5260个、应急对讲机23套、防汛应急包（内含一次性雨衣、医疗包、手套、反光背心、多功能铲、救生浮索、保温毯、多功能强光手电等10余件必要求生工具）490套。

应急包物资展示如图1-4所示。

（三）完善一套应急预案，提升科学防控能力

按照“一事一案、科学管用、通俗易懂”的原则，一套切实有效的应急预案工作将推行“四化”管理。

（1）预案覆盖全面化。怀化将进一步完善市、县、乡、村四级应急预案，特别是辖区集镇、水库山塘、地质灾害隐患点、尾矿库以及受洪水威胁的学校、企事业单位、工矿企业必须制定防汛抗旱应急预案，做到“一库一册、一堤一册、一工程一册、一单位一册”，不留死角。

（2）预案制定科学化。不断修订完善应急预案，组织专家审查，增强预案的适用性、针对性和可操作性。定期或不定期地组织开展预案演

图 1-4　辰溪防汛抗旱应急包物资

练，让应急预案家喻户晓。

(3) 预案管理卡片化。应急预案规定的工作职责、处置程序、应急措施、转移路线等内容推行卡片化管理，简单明了、通俗易懂。

(4) 预案启动程序化。按照应急预案Ⅳ级、Ⅲ级、Ⅱ级、Ⅰ级响应要求，实施预案启动模块化、网络化和编程式、扁平式管理，四级联动，一键式启动。

(四) 建立一个工作机制，提升高效联动能力

为有效解决防汛抗旱“卡脖子”“肠梗阻”和“最后一公里”问题，建立一个市、县、乡村防汛抗旱工作上下贯通、高效联动的机制是关键。具体而言，可由怀化市防汛办牵头，加大各类力量、资源、信息的整合力度，全面提高防汛抗旱综合实战能力。

(1) 搭建一个高效权威的指挥平台，增强各级防汛机构统一决策、统一调度、统一指挥职责职能，进一步提高会商研判、参谋决策、调度指挥服务水平。

(2) 加强资源整合能力建设，整合水利、国土资源、交通运输、民政等各类资源，充分发挥山洪灾害预警平台作用。

(3) 加强信息共享能力建设，加大水文、气象、国土资源、智慧城市、平安工程、村村响工程等信息共享力度，为防汛抗旱提供强大的信息查询、交换、发布等服务功能。

（4）加强信息处置报送能力建设，进一步完善乡镇信息采集、处置、发布职能以及村组信息采集、发布职能。建立辖区内人口通信集群网，通过电话、短信、网络、警报等方式，及时传递信息，及时查险排险，及时启动应急预案。

通过筑牢一个个“防汛抗旱基层堡垒”，乡、村两级防汛抗灾组织以往“一面是责任大于天，另一面是实战难保障”的局面明显转变，有效防范了思想松弛、工作松懈、组织松散、作风松垮等现象，基层责任进一步压实。目前，防汛抗灾在怀化基层基本实现了“工作有阵地、战斗有队伍、行动有工具、作战有战法”，作战保障能力明显提升。

三、怀化市加强防汛抗旱体系和能力建设的成效

怀化市大力推进基层防汛抗旱体系和能力建设的做法紧接着经受了“大考”，从“大考”结果来看，怀化市加强基层防汛抗旱体系和能力建设的方向是正确的，措施是有效的。

（一）基层防汛体系经受住特大历时暴雨考验

2017年以来，怀化市内先后遭遇8次强降雨。特别是6月22日至7月2日（以“6.22—7.2”表示）过程最为严重，全市平均累积降雨量1068.9毫米，较历年同期偏多两成；6月平均累积降雨量512毫米，占2016年以来总降雨量的近50%，较历年同期偏多1.3倍；“6.22—7.2”期间，全市平均累积降雨量368.3毫米，占2016年以来总降雨量的30%或近1/3，较历年同期偏多近4倍。全市最大地区累积降雨量发生在辰溪县潭湾镇，为715.2毫米，最大小时降雨量发生在靖州县排牙山林场，为103.3毫米。受上游贵州来水与怀化市境内强降雨叠加影响，沅江干支流出现特大流域性洪水，多站点超警，其中辰溪县城洪峰水位127.56米，超警7.56米，仅低于历史最高水位（1996年）0.44米。“6.22—7.2”期间，沅江流域来水量近100亿立方米，相当于往年全年来水量的近1/4。全市13个县（市、区）204个乡镇（街道）135.4万人受灾，倒塌房屋948间，农作物受灾面积183.2万亩，直接经济损失45.18亿元，水利、交通、电力、通信等基础设施水毁极为严重。与1996年特大洪灾

相比，此轮洪灾经济损失和倒塌房屋分别减少27.9亿元、15.6万间，更为关键的是，面对空前的区域性暴雨和空前的流域性洪水，实现了不死一人、未垮一库一坝的结果，最大限度地减轻了灾害损失。在此过程中，怀化基层防汛抗旱体系建设发挥了重要作用，主要表现在以下4个方面。

1. 市、县、乡、村四级响应机制运行有效

2017年6月29日至7月2日，过境洪峰全面超警，沅水沿线全面告急。6月29日晚，市委市政府下达群众转移动员令后，市、县、乡、村四级体系迅速响应，实现市、县、乡、村一体化作战，2973个乡村防汛抗旱指挥机构、6.2万基层应急抢险队员迅速集结出动，与各类专业抢险队伍并肩作战，成功解救受困群众8.55万人，成为守护群众生命安全的一道坚固防线。在全省抗洪救灾总结大会上，省委省政府对怀化夯实基层基础做好防汛抗灾工作给予充分肯定，《湖南日报》等省级媒体就怀化市基层防汛抗旱体系和能力建设刊文进行了宣传推介，常德、娄底等市州防指也纷纷效仿，专门就建设工作与怀化进行了交流。

2. 防汛抗旱基层堡垒发挥战斗作用

面对百年一遇的特大洪灾，怀化市坚决把人民生命安全放在首位，紧贴主战场，把握战机，靠前指挥，采取党员干部包片、包街道、包社区、包乡村、包户包人的方法，4天时间共紧急转移群众29.34万人，其中6月29日晚8点至30日0点紧急转移群众5.88万人，至30日中午12点转移群众12.3万人，做到了人员零伤亡，真正以“大决心、大范围、大力度”实现了大转移，创造了安全转移受灾群众的“怀化奇迹”。其中，辰溪县按照128米的水位设防，紧急转移群众11.55万人次。溆浦县大江口镇清江屯村党支部在全村被洪水围困成“孤岛”的危急时刻，连续作战3天，紧急转移群众近1000人。洪江区桃李园社区党支部书记李婷香带领社区干部一边敲锣、一边拿着高音喇叭，在辖区内一栋一栋楼排查、喊话，成功将3000多位居民转移到安全地区。怀化市共有7个抗洪救灾先进集体、20名先进个人受到省委省政府表彰。

3. 调度指挥精准有力，联动作战更加紧密

通过加强预案建设，市、县、乡、村四级扁平化指挥系统初显成效。

市委市政府组织水利、气象、水文、国土等部门进行专家频繁会商，根据汛情，科学研判、果断决策，并及时传达驻怀部队及各基层单位，牢牢把握了防汛抗灾主动权。市主要领导先后8次会商调度防汛抗灾工作，市防指先后组织防汛会商13次，根据汛情及时启动预警机制，6月23日至30日，先后果断启动防汛Ⅳ级、Ⅲ级、Ⅱ级应急响应，辰溪县、溆浦县、洪江区启动了Ⅰ级应急响应，同时制定下发了《关于做好迎战沅江流域性泄洪的紧急通知》和《关于做好本轮强降雨中后期防汛抗灾救灾工作的紧急通知》，为打好防汛抗灾救灾主动仗赢得了时间、留足了余地，牢牢把握抗御洪灾、转移群众的主动权。市防指一方面及时与省防指协调沟通，优化托口、五强溪水电站调度方案，另一方面4次下发洪水调度指令，对洪江、蟒塘溪等具备调节性能的水库进行科学调度、提前腾库、拦洪错峰，严格控制水位运行，有效缓解流域性洪水压力。同时，按照“一库一策”“一险一策”的要求，重点对病险水库、尾矿库、地质灾害、山洪灾害、在建涉水工程和城市内涝等度汛隐患开展大排查、大管控、大整治专项行动。严格落实水库运行管理“五个一”制度，紧急启动651座水库《水库安全应急预案》和《防洪抢险应急预案》，派出水利抢险专家413人次，确保了1314座上型水库安全度汛。建设过程中修订的5000余套防汛应急预案，也在工程应急处险过程中发挥了巨大作用，防汛紧张时期，怀化市紧急启动651座水库安全应急预案和防洪抢险应急预案，成功处置水库险情1处、隐患59处，控制水上险情36起，实施地质灾害避险13起，抢通公路108条次，恢复供电线路627条次、通信线路5320站次，确保了1314座上型水库安全度汛。7月1日，巫水流域突降特大暴雨，水位猛涨且洪峰预计在次日凌晨1点左右到达洪江区，很可能再次和沅水洪峰叠加。省防指采纳怀化防指的建议，将托口电站泄洪流量减少2000立方米每秒达3个小时，错峰让巫水洪峰先通过，大大减轻了下游安江、中方、辰溪等地防汛压力和受灾程度，为及时转移群众赢得了时间。

4. 应急抢险日趋专业，物资保障发挥作用

全市乡村两级共新建防汛抗旱物资仓库730间，增储麻袋、编织袋61.84万个，油料315吨，雨衣、雨伞、雨鞋15.89万件，救生衣12.35

万件，铁锹13.18万把，砂石料15万余立方米，抽水设备2416台，照明灯1.84万只。关键时刻，这些物资为开展应急救援、保护人民群众生命财产安全提供了有力保障。辰溪县不但补充了乡镇水利站人员力量，还下发印有“辰溪防汛”标识的雨衣、雨伞、雨靴等物资1万余套，在抗灾救灾和人员转移中，辰溪防汛“小黄人”成为带领和帮助群众抗洪救灾的重要生力军。

（二）基层抗旱体系有效缓解干旱状况

“6.22—7.2”特大暴雨以后，怀化又迎来大旱。2017年7月，全市降雨量较往年同期相比平均偏少65.5%，除通道县外，其他县（市、区）均偏少七成到九成，其中辰溪县偏少97.8%。辰溪、会同、芷江、靖州、麻阳、沅陵等县无连续有效降雨达20天以上。8月1日至3日，怀化市局部地区发生降雨，发生降雨站点267处，点降雨量最大为113.2毫米。沅陵、辰溪、溆浦、麻阳、会同、中方、鹤城、新晃等县（区）局部地区形成有效降雨，不同程度缓解了降雨地区旱情，但因降雨属于分散性降雨，降雨区域不大，且近期蒸发量大，全市旱情没有得到根本改变。沅陵、辰溪、溆浦、麻阳、新晃、芷江发生了中度以上干旱，鹤城、中方、洪江市、会同、靖州发生了轻度以上干旱。截至8月7日，怀化市13个县（市、区）159个乡镇受旱，农作物受旱面积77.6万亩（占全市在田作物面积的15%，其中轻旱39.3万亩，重旱30.8万亩，干枯7.5万亩），因旱造成12.87万人、3370头大牲畜饮水困难，22座水库干涸，127眼机电井出水不足。面对严重旱情，市各级各部门按照杜家毫书记指示精神要求，把抗旱救灾作为当前的中心工作来抓，全面压实责任，采取有效措施，切实把灾害损失降到最低。

1. 压实责任，迅速安排部署抗旱救灾工作

市委市政府先后召开“全市防汛抗灾救灾工作会议”“市政府第五届二次全体会议”研究部署抗旱救灾工作。7月31日，市委市政府下发了《中共怀化市委办公室、怀化市人民政府办公室关于切实抓好当前抗旱工作的通知》（怀办发电〔2017〕89号），强调“要增动力、出实效，要见事早、行动快，要措施精准、分类处理，要力保生产稳定和人民群众生活需要”，对全市抗旱救灾工作以文件形式再次进行了安排部署。各级各

部门严格按照行政首长负责制、抗旱岗位责任制要求，分级包干落实抗旱责任，切实做到相关职能部门责任横向到边，市、县、乡、村四级责任纵向到底的抗旱救灾责任体系。沅陵、辰溪、溆浦、麻阳、新晃、芷江、鹤城、中方、洪江市、洪江区、会同、靖州等县（市、区）主要领导及时对辖区灾情进行了调度指挥；新晃县于8月3日启动抗旱应急Ⅲ级响应，并按Ⅲ级响应要求落实职责。

2. 加快水毁水利设施修复进度

“6.22—7.2”特大洪灾过后，各级各部门在加大地方投入的基础上，加强了向上汇报争取力度，各项灾后重建工作也在有条不紊地开展之中。市水利局争取上级灾后重建资金12383万元。为保抗旱用水需求，市水利局加快渠道及人饮工程修复进度，9月1日前市内877处受损人饮工程已全部恢复供水；大中型灌区渠道修复水毁工程315处，修复长度10.8公里，恢复灌溉面积11.6万亩。靖州县飞山水库疏通渠道12处3.4公里，用水已达渠道尾端，渠阳镇艮山口片区4.8万亩遭旱稻田的旱情得到缓解。芷江县两江口水库晓坪乡大水田村漆树湾段主干渠因洪灾中断，该村不等不靠，组织30余人运送8根重400多斤的钢带波纹管，修复该段主干渠，恢复了当地灌溉。

3. 落实各项抗旱物资保障

怀化市共投入抗旱资金5671万元，其中县级财政拨款2708万元，群众自筹2963万元。全市13个县（市、区）共计提供16台挖掘机、18台打井机、424台固定水泵、1256台移动水泵、95台发电机组、14辆拉水车、7.645万米输水软管。新晃县紧急采购50余万元抗旱设备，并分发至乡镇。辰溪县修溪镇龚家湾村启用7台水泵，保证洪水淹没的1000亩稻田补种的灌溉用水。

4. 积极开展抗旱自救

怀化市共投入抗旱劳力23.3万人次、抗旱设备2.39万台套开展抗旱减灾工作，累计浇灌面积49.44万亩，解决16.68万人饮水和2.95万头大牲畜应急饮水。其中，投入抗旱服务组织3926人、设备930台，累计浇灌面积7.37万亩，解决30284人、2768头大牲畜应急饮水。共调度2个县5处抗旱应急水源引调提水工程，应急调水13万立方米，解决了

2708 人、0.48 万亩基本口粮田的生活生产用水。会同县连山乡大坪村 3 口水井干枯，上百户人家缺水，该县防汛抗旱指挥部紧急调用送水车送水，确保村民生活用水。

5. 及时开展人工增雨

市防指积极与市气象部门、各县（市、区）防指联系，要求人工增雨要处于临战状态，寻找一切有利时机，开展人工增雨抗旱作业。7 月 28 日至 8 月 2 日，沅陵、辰溪、麻阳、鹤城、中方、洪江、芷江等县抢抓有利时机，及时开展了人工增雨作业，共计发射增雨火箭弹 81 枚，作业后效果显著。特别是 8 月 2 日，辰溪、鹤城、麻阳、中方、沅陵等地，共计发射增雨火箭弹 60 余枚，随后全市 172 个区域自动气象站发生降雨量，84 个区域自动气象站产生有效降水，有效降雨影响面积 600 余平方公里，占怀化总面积的 20%。

四、怀化市防汛抗旱体系和能力建设的基本经验

怀化开展基层防汛抗旱体系和能力建设的做法得到了国家防总、水利部、省水利厅、省防办的充分肯定。水利部副部长刘雅鸣、总规划师张志彤均对此给予了高度评价。2016 年 10 月，国家防总派出国家防汛抗旱督察专员王翔赴怀化专题调研，对怀化基层防汛抗旱体系和能力建设予以了高度肯定，国家防办在官网上专门撰文推荐了怀化的做法。省水利厅厅长詹晓安批示：“防汛抗旱工作责任重于泰山，而做好该项工作能力建设尤为重要，怀化市从本地区要求出发，研究制定了较为详细的工作方案，并抓紧落实，值得各地借鉴。”省防办则于 2016 年年底在怀化市新晃县召开了全省防办工作座谈会，重点推介了怀化市基层防汛抗旱体系和能力建设的成功经验。

（一）积极利用现有资源，夯实基层防汛抗旱体系

一是深度融合基层党建，结合全市“六小一中心”基层党建活动，市委市政府出台了《怀化市加强基层防汛抗旱体系和能力建设工作方案》，开展以乡、村两级为重点的防汛抗旱阵地建设。二是依托河长制工作落实责任。2017 年怀化市在全省率先启动全面推行河长制工作，建立市、县、乡三级河长和村级河道管护员工作体系，编制《怀化市境内 5 公

里以上河流名录》，制定河长制工作六项制度，梳理“一江六水”的问题清单，各项工作正在有条不紊地进行。三是依托乡镇便民服务中心和村级组织服务中心建设，通过整合资源，重点突出乡、村两级防汛抗旱体系建设，初步建成“阵地保障有力、队伍反应迅速、预案切实管用、机制上下贯通”四位一体的乡村防汛抗旱体系。

（二）以“四个一”建设为核心，打造基层防汛抗旱战斗堡垒

怀化市总结近年来屡遭洪涝灾害袭击、基层抗灾能力薄弱的教训，研究出台了《加强基层防汛抗旱体系和能力建设工作方案》，突出以乡、村两级为重点，整合资金1亿元完成乡镇（街道）、村（社区）防汛指挥机构、防汛值班室、物资仓库、视频会商系统建设，组建6.2万余人的抢险队伍，制定防汛抗旱预案3628套，全面建成“阵地保障有力，队伍反应迅速，预案切实管用，机制上下贯通”四位一体、四级联动的一键式基层防汛抗旱体系，进一步夯实基层防汛抗灾能力，最大限度降低洪旱灾害损失。

目前，全市各级全部制定了防汛、山洪灾害防御、地质灾害防治等方案和预案，对转移群众的范围、路线、安置方面作出周密细致的安排，确保灾害来临时能井然有序地迅速转移。突出常态备战，采取市、县、乡、村级工程四级备料的方式，备好备足麻袋、砾石等防汛抢险物资，定期举办山洪灾害防御常识培训及演练。抓住“关键少数”，对重点区域水库山塘、地质灾害点、流域水上障碍物进行“地毯式”排查监控，共排查出96座水库、大坝隐患102处，于汛期前全部整改到位。这些措施，保证了怀化在2017年取得了防汛抗旱的重大成绩。

（三）广泛动员，多方参与，打好防汛救灾的“人民战争”

怀化市构建的以基层党委政府、村支两委、党员干部、民兵预备役、扶贫工作队为骨干力量，以水利工程管护、地质灾害巡查、医疗救助、核灾报灾等专业人员为基本力量，以企业救援队和青壮年志愿者为辅助力量的基层防汛抗旱队伍，为怀化在“6.22—7.2”特大历时性洪涝灾害中做到零伤亡提供了坚实保障，充分印证了发动抗洪救灾的“人民战争”是取得胜利的关键。

2017年6月29日晚，怀化市紧急调度沅江流域性泄洪，要求形成立体式、全方位、全天候宣传舆论强势，做到全党动员、全民动员，组织带领广大群众守望相助战洪魔。宣传系统和各级各有关部门通过乡村广播、喇叭、短信、微信、QQ群等方式，广泛开展防汛抗灾宣传，广大群众、社会各类组织纷纷加入到抗洪救灾应急小分队、义务巡逻队、志愿服务队等队伍中，积极参与应急抢险、转移群众工作。

五、怀化市防汛抗旱体系建设中存在的问题及相应对策

（一）存在的问题

怀化市基层防汛抗旱体系虽然通过了2017年洪涝、旱灾的实战检验，但仍面临一些挑战，主要体现在以下四个方面。

1. 建设标准有待提高

一是存在“重建轻管”现象，县、乡、村三级阵地虽然建立起来了，场地和物资都到位了，但一些地方对如何用好这个阵地思路不清、办法不多、行动不到位，标准化程度达不到要求。二是存在“自弹自唱”现象，一些地方阵地建得很标准，物资设备摆放整齐，图表制度也上了墙，但多是应付上级检查，平时很少开展工作，基本没有向当地群众开展宣传教育活动，缺少群众参与度。三是存在“固步自封”现象，一些地方认为基层体系已经建立起来便可高枕无忧了，没有对薄弱环节进行深入挖掘和升级改造，存在安于现状不求进步的心理。

2. 应急队伍建设亟待加强

一是年龄结构偏大，全市防汛抢险队伍平均年龄达46岁，50岁以上人员占30.4%。二是人员数量不足，在应对流域性大洪水及重大灾险情等险情中，目前全市6.2万抢险队员的力量难以满足需要，特别是沿河重要城镇（集镇）应急力量要着力加强。三是队伍素质有待提高，抢险队员都是民兵预备役人员或乡村党员干部，普遍存在救助措施不到位、抢险技能不熟练等问题。

3. 预案编制和演练还需加强

一是针对性不强，各地乡镇、村防汛抗旱应急预案不同程度上存在雷同，对本地实际情况描述不足，灾害隐患普查不全面，应对措施具体操作性不强。二是更新不及时，部分新出险的水库、重点骨干山塘、山洪地质

灾害易发区隐患的专项防御预案欠缺，内容更新不及时。三是演练不到位，受经费限制，各地预案演练工作严重滞后，2017年汛前实际进行演练仅1034次，覆盖率不足1/3。

4. 信息化建设存在短板

一是重点区域视频监控布点存在盲区，部分重点水库电站、沿河城镇没有安装防汛视频监控系统，不利于指挥决策。二是视频会商系统设备老化，2008年建设的市级视频会商系统标准过低，设备落后，运行不稳定，县乡两级视频会商系统建设质量参差不齐，通信不畅，视频效果不佳。三是基础数据资料有待修订和补全，沅水干支流沿岸城镇流域性洪水危险区基础资料严重缺失，绝大部分县级城市洪水风险图还是2004年前编制的，尤其是沿河乡镇，此项工作基本处于“空白”状态，极不利于洪水防御和人员转移的科学指挥调度。

（二）下一步的工作思路

党的十八大以来，怀化市牢牢把握新时期治水兴水的战略定位，积极践行“节水优先、空间均衡、系统治理、两手发力”的治水思路，以水利工程建设为载体，以防汛抗灾为抓手，扎实开展水环境综合治理工作，大力推进生态文明建设，为全市经济社会持续稳定发展提供了坚实的水利支撑，有力地促进了全市人水和谐发展。为确保基层防汛抗旱体系长效发挥作用，下阶段怀化将抓好以下几方面工作。

1. 进一步抓好基层基础，丰富“神经末梢”

一是进一步加强阵地建设。开展“回头看”，对存在的问题逐一进行整改，按照“四个一”要求将阵地建设覆盖到每一个村、每一个水库电站。二是进一步强化队伍建设。以流域性洪灾、区域性洪灾频发地区为重点，将乡、村两级基层应急抢险队伍由6.2万人扩充到10万人，并定期培训，稳步提升各级防汛抗旱队伍“值守巡查、监测预警、疏散转移、抢险救灾、宣传教育”五种能力。三是进一步强化物资储备建设。建设市级防汛抗旱物资储备中心，加强市级物资储备和对县（市、区）的物资调配。督促各地仓库管理单位对物资库存情况进行检查清点。

2. 进一步完善预案演练，强化“应激反应”

一是全面修订完善预案编制。以行政村为单位全面摸清区域内防汛度汛险工险点及薄弱环节，在现有基础上对乡镇、村已编制的防汛抗旱应急预案进行修订完善，切实增强预案的科学性、合理性、全面性和可操作性。二是完成重点部位灾害防御预案全覆盖。对集镇、水库山塘、地质灾害隐患点、尾矿库以及受洪水威胁的学校、企事业单位、工矿企业等重点部位要编制灾害防御专项预案。三是全面开展预案演练。各乡镇、村在汛前定期或不定期地组织开展预案演练，做到危险区内乡镇、村组预案演练全覆盖。

3. 进一步强化指挥体系，打通“中枢系统”

一是扩充防汛视频监控站点，全市增设站点280余处，实现重点区域、重点河段、重点工程、重点隐患全覆盖。二是完成市、县、乡三级防汛视频会商系统改造，对市、县、乡存在问题的设备进行升级改造，实现视频会商系统反应迅速，音、视频质量清晰。三是开展27座流域骨干电站信息共享平台建设，实现沅水流域实时雨水情报信息及各水电站库水位、入出库流量、预调度信息的收集共享，实现市、县两级防汛部门与各流域骨干电站的远程视频会商、电站调度实时视频监控。

4. 开展度汛安全船只隐患大整治，消除“隐患病灶”

以全面推行河长制为统领，按照市委市政府确定的船只安全整治的要求，重点开展挖砂、采砂船只安全隐患大排查大管控大整治工作，严格落实河道采砂、运砂船只“四个一”（一个固定系缆桩、一套合格缆绳、一个安全责任卡、一个防汛预案）管理措施，坚决防止汛期船只失控冲击桥梁大坝等安全事故的发生。

附件：怀化基层防汛抗旱制度清单

1.《怀化市基层防汛抗旱体系和能力建设验收办法》

2.《怀化市加强基层防汛抗旱体系和能力建设工作方案》

3.《怀化市基层防汛抗旱体系和能力建设50问》

4.《水库安全应急预案》

5.《防洪抢险应急预案》

第二章

水资源管理体制改革

面对日益严峻的资源环境形势，为解决复杂的水资源问题，2011年中央明确提出把严格水资源管理作为转变经济发展方式的战略举措，2012年国务院颁布《关于实行最严格水资源管理制度的意见》（国发〔2012〕3号），对实行最严格水资源管理制度进行了全面部署。党的十八届五中全会高度重视水资源问题，把防范水资源风险纳入风险防范的重要内容，明确提出要强化水资源消耗总量和强度双控行动，实行最严格的水资源管理制度，加快推进节水型社会建设，积极开展水效领跑者引领行动。党的十九大报告中对于自然资源资产管理和自然生态监管改革方面，进一步提出了统一行使全民所有自然资源资产所有者职责的新要求。

近年来，湖南认真贯彻落实习近平总书记提出的“节水优先、空间均衡、系统治理、两手发力”的治水理念，按照国务院实行最严格水资源管理制度的部署，突出基础工作，强化制度建设和自身能力建设，进行了最严格水资源管理初步实践，大力开展节水行动，加强节水指标考核，并取得了一定的成效。习近平总书记强调，“推动绿色发展，建设生态文明，重在建章立制”。水资源管理一直存在着体制性障碍，会给水资源的供给、配置和节约、保护带来一定的困难。因此，湖南省人民政府出台了《湖南省最严格水资源管理制度实施方案》和《湖南省实行最严格水资源管理制度考核办法》等制度，全面建立了省、市、县水资源管理“三条红线”控制指标体系和考核评分标准，开展水资源双控行动，开展节水型社会建设，推进水权制度建设，强力推进水资源管理体制改革。

在双控指标体系建立上，湖南严格管理总量指标和强度指标，出台湘江、资江、沅江、澧水、洞庭湖区水量分配方案，健全省、市、县三级行政区域用水强度控制指标体系，逐步建立覆盖主要农作物、工业产品和生活服务行业的先进用水定额体系，并对定额实行动态修订，且以县域为单元全面开展水资源承载能力评价，建立预警体系，发布预警信息，强化水资源承载能力对经济社会发展的刚性约束。

加快推进节水技术改造，大力推进农业、工业、城镇节水化，全面推进节水型社会建设。同时，广泛深入开展基本水情宣传教育，强化社会舆论监督，进一步增强全社会水资源节约保护意识，形成节约用水、合理用水的良好风尚。

在水权制度建立方面，积极推进水权试点工作，稳步开展试点地区确权登记和水权交易，探索建立水权初始分配制度。因地制宜探索区域间、行业间、流域间、流域上下游以及用水户间等水权交易方式，鼓励地方开展水权交易试点，培养水资源价值观，充分发挥市场机制在优化水资源配置方面的积极作用。

此外，为推动实施最严格水资源管理工作，建立政府主导部门协作机制、水资源管理责任和考核制度，健全水资源监控体系，完善水资源管理体制、水资源管理机构队伍和水资源管理投入机制，健全政策法规和社会监督机制。

但现实工作中，湖南省在实行最严格水资源管理制度方面还存在以下问题：①思想认识不统一，缺乏节水意识，对最严格水资源管理制度本身认识不到位，不能体会其实施的意义；②管理协作机制不健全，部门职责边界不分，职能职责重叠或过分分散；③指标体系不科学，红线控制指标分解缺乏足够的依据，考核指标的权重设置不合理；④政策法规不健全，目前已出台的政策法规不能满足最严格水资源管理的要求。因此，全面贯彻党的十八届三中全会精神，全面落实最严格水资源管理制度，还需要从以下五个方面逐步完善：①强化资源观念，突出水资源的节约保护；②强化系统观念，理顺水资源管理机制体制；③强化商品观念，推进水资源的有偿使用和交易；④强化法治观念，推进水资源管理法律法规建设；⑤强化约束观念，严格水资源管理考核。

水是生命之源、生态之基、生产之要，是基础性的自然资源和战略性的经济资源，是生态环境的控制性要素，是国家有限的宝贵资源，我们应珍惜、保护有限的水资源。水资源保护往往牵涉到不同部门、不同行政区、不同类型的主体的多元利益。长河水库作为临武县唯一一座中型水库，肩负着防汛抗旱、农田灌溉以及为县城及其周边16万余人提供饮用水源的重任，其水资源保护同样面临多元利益的平衡和协调。临武县人大和县政府2011年正式启动了长河水库水资源保护改革工作，建立了高级别的领导小组和“一办七组”协同共管的体制机制，并在事实上确立了生态优先的可持续发展原则。这一实践探索获得了社会各界的普遍好评，吸引了省内外有关部门和社会机构的注意，为其提供了可资学习、借鉴的素材和经验。

强化协作共管　保护生命水源

——临武县长河水库深化水资源保护新举措

【操作规程】

水资源保护对一个地区的社会、经济发展以及保障人们的用水安全具有至为关键的意义。然而水资源保护往往牵涉到不同部门、不同行政区、不同类型的主体的多元利益，所以，保护水资源必须突破传统的科层制和职能分工管理，实行既有基本的职能分工和严格的责任，又能强化协作。通过建构“顶层设计—联合决策—联动执法—夯实基层”的体制机制，实现“纵向贯通、横向协调”的“扁平化治理”，以带动社会形成水资源保护的合力，取得水资源保护实效。

一、工作步骤

（一）人大和政府携手布局顶层设计

（1）人大立足调研定基调。县人大组织调研并发布意见和报告，为水资源保护定下基调。

（2）政府尽责抓落实。县政府尽快出台相关水资源保护的政策文件和方案，进行全面布局，成立由县长任组长的工作领导小组，并下设相关机构抓具体工作，随即落实财政保障并铺开宣传。

（3）人大和政府勤沟通强监督。人大持续关注水资源保护工作进展，与政府和各职能部门进行广泛及时的沟通，对政府工作进行专题询问或质询，政府每年向人大报告水资源保护工作，接受人大监督。

（二）建章立制出台文件

在县人大和政府顶层设计指导和广泛调研基础上，县政府及其职能部门出台五年规划、年度计划、水资源保护管理办法等系列文件，并及时调整完善，对前一个阶段的经验和教训进行总结并谋划下一阶段水资源保护管理工作的展开。

（三）立足实践，建立联防联控机制

水资源保护工作领导小组成立后，即以类似于部门联席会议的“工作调度会议”进行协商决策。同时，组建联防巡查大队，开展巡查工作并强化联合执法。

（四）夯实基层，确定村民专人管理工程技术运行

水资源保护体制机制改革创新中，充分利用基层行政力量，大量吸收有觉悟的村民参与日常巡查、协助执法。

二、工作流程图

临武县长河水库水资源保护体制机制改革流程如图2-1所示。

【典型案例】

水资源是生产和生活的基础。临武县将长河水库水资源定位为“生命之源”，提出“保护长河水，珍惜生命源”的倡议。临武县人大和政府重视顶层设计，建立高位领导小组和“一办七组”协同共管的体制机制，确立长河水库水资源保护工作的规范体系，重视长效机制的建设，使长河水库水量足以应对不断增长的生产生活需求，并且保证水质稳定达到地表水Ⅱ类水标准，基本符合《地表水环境质量标准》（GB 3838—2002）中Ⅰ类水质标准要求，同时符合国家城镇建设行业生活饮用水水源一级标准。相关做法受到了国家、省、市等各级政府的充分肯定，为省内外提供了可推广、可复制的经验。

一、改革背景

临武县隶属郴州市，是湖南省改革开放的南大门。全县共9个镇、4个乡（其中1个民族乡即西山瑶族乡），还有大大小小5个农林场所。2013年年末，临武县总人口38.85万人，年末常住人口37.33万人，农村人口23.85万人，城镇人口13.48万人，城镇化率36.12%。临武县人口出生率11.15‰，死亡率4.08‰，人口自然增长率7.07‰。临武县总面

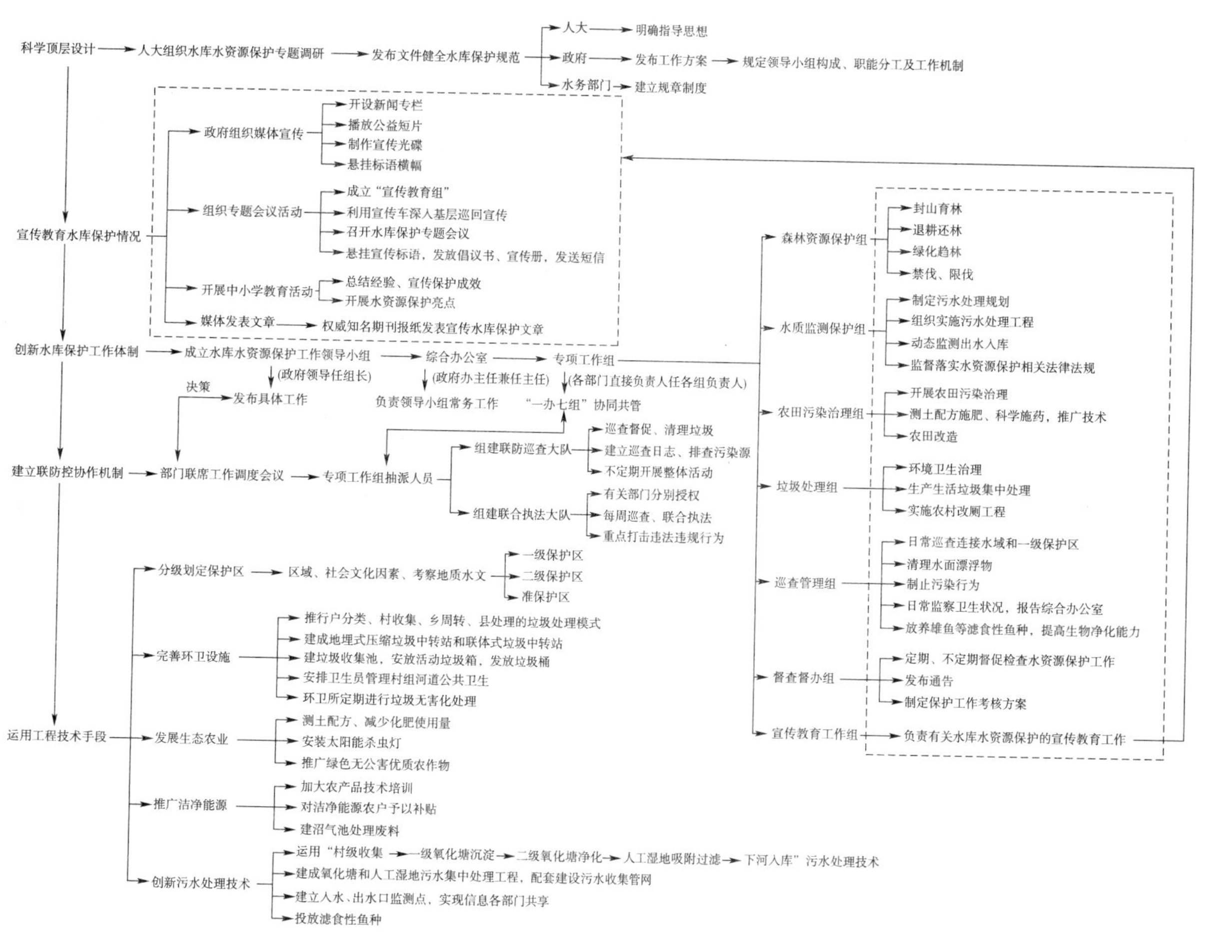

图 2-1　临武县长河水库水资源保护体制机制改革流程图

积为1375平方公里，地处南岭山脉东段北麓，地势西北高、东南低，以东山、西山、桃竹山为骨架，如箕状向东南倾斜。临武县地处中低纬度地区，气候温和，雨量充沛但分布不均。全县年平均降雨量为1563.1毫米，降雨总量为22.018亿立方米，加上外流共计24.134亿立方米。境内有大小溪流329条，分属武水水系（珠江流域）和舂陵水水系（湘江流域），流域面积分别为993.92平方公里和381.32平方公里，各占全县总面积的72.28%和27.72%。全县共有水库69座，其中中型水库2座，小（1）型水库9座，小（2）型水库58座。

临武县长河水库修筑于20世纪60年代，是全县最大的水库，属珠江水系北江支流武水河上游，位于临武县花塘乡境内，距离县城8公里，是一座以灌溉为主、兼顾防洪、发电、养鱼、城镇供水等综合效益的中型水利工程。

长河水库坝址控制流域面积为92.1平方公里，水库总库容4088万立方米，有效库容3388万立方米。长河水库是周边乡镇14.06万亩耕地灌溉用水水源，年发电量550多万千瓦时，在临武县经济和社会发展中具有举足轻重的地位。更为重要的是，长河水库是县城及其周边乡村16万多人的唯一饮用水水源，是其赖以生存和发展的生命线。

做好长河水库水资源保护工作，是为临武县近一半人口提供生命用水保障，对于全县经济社会发展、生态文明建设具有极其重大的意义。近年来，县委县政府共投入4500万元，通过设立长河水库水资源保护区，切实建章立制、强化领导、落实举措，使长河水库水质长期保持在地表水Ⅱ类以上，水资源保护取得实质效果。

然而，这些成就的取得最初起源于“天灾人祸”对长河水库的威胁。概括起来，长河水库水资源保护工作的启动有如下几个原因。

（一）生活废水与垃圾污染

长河水库集水区离县城相对较近，坝址离县城仅8公里。随着经济社会的发展和交通的快速改善，该区域常住人口迅速增加到8500多人，流动人口也增长迅速。虽然人口集中化程度越来越高，但是该区域总体上还是呈现出小农经济的分散性。这样，一方面该区域的生活污水和生活垃圾产生量迅速增加；另一方面，又缺乏生活污水、生活垃圾的组织化、集中化处理意识和机制。再加上人们传统的生活习惯，随意向沟渠河道排放生活废水、倾倒或丢弃生活垃圾，这种基于小农经济、依靠水冲洗以处理废水和垃圾的清洁方式，导致下游水体污染、垃圾成堆，严重污染长河水库水质。尤其是作为长河水库最重要水源地的武源乡，每三天一次墟场赶集，产生大量污水和垃圾，集中倾倒或冲洗到水源水体，已经超过水体的自然消解能力。

（二）产业污染与破坏

长河水库集水区域是典型的农业社会，村民们依赖耕种水田和旱地，过着“靠山吃山靠水吃水”的生活。一方面，家庭建设用的木材、日常生活能源用的柴薪以及生产生活用水都直接取自周边环境，人口的增加和管理的不足导致植被破坏，水土流失，危害长河水库水体；另一方面，在农业生产中大量使用农药化肥，散布在家家户户的畜禽养殖也产生大量污染物质，造成长河水库集水区水和土壤污染，威胁长河水库水体安全。作为长河水库重要水源的水牛田河流域，水质恶化严重，多次出现众多大水塘因受到农业严重污染、水面长满红色污染物的现象。

此外，在长河水库集水区域，竹木加工比较普遍，产生不少渣滓、废弃物，也常常在雨季因为雨水冲刷而流入水库。2004 年 5 月到 2009 年 10 月，矿产市场强劲而基层监管能力不足，少数人在长河水库集水区域以游击方式非法采矿，造成不少植被破坏，加剧了水土流失，导致水库水体成为黄泥水，取自水库的县城自来水也无法正常使用。

（三）管理体制机制贫弱

长河水库 1965 年开工建设，1971 年 5 月建成投入运营，建成后由长河水库管理所负责管理。但是在水库运行的这 46 年里，因为管理所职能有限，局限在坝体和基本设施的保护以及防汛抗旱、为工农业服务，缺乏与其他关键部门对话和协调的能力与机制。而且经费和人员长期不足，所以无法对整个水库开展全面、充分、有效的保护。

（四）自然灾害影响

进入 21 世纪，在长河水库集水区域发生了数次自然灾害，“天灾”又放大了上述“人祸”的后果，给人们造成巨大损害。如 2006 年发生特大洪灾，垃圾和污水都聚集到水库，导致水库水质严重恶化，城镇自来水无法用来洗衣，更不用说用于烧水做饭；2007年发生了大干旱，2008年年初特大冰灾造成集水区内大量林木损毁，加上灾后的烧山挖地，使武源集水区内森林覆盖率下降了8.77个百分点。植被的破坏造成了严重的水土流失，也恶化了长河水库水体，造成水体富营养化，水库水体在长达2个月的时间里总体上呈现墨绿色，富营养化导致水藻疯长，水库水体发出异味，无法日用、更无法饮用。

数次天灾带来的损失和危害，给各级政府和生活在长河水库集水区的人们敲响了警钟。加上当时云南滇池毁灭性污染的大量媒体报道，引起国家和社会的广泛关注，临武县政府和人们都担心长河水库步滇池后尘，于是采取强有力的措施保护长河水库水资源被提上议程。在2006年特大洪灾抗灾救灾中，县人大和县政府就已经开始考虑长河水库水资源保护管理机制创新，2011年，县人大组织专题调研，政府开始加大重视程度和支持力度，采取有力措施。在全国范围内，临武县是最早启动水资源保护全面革新的，当时各个地方还在一心一意抓经济快速增长，临武县已经在长河水库水资源保护中确立了生态环境保护优先的原则，在2011年制定的《长河水库保护区管理办法》中就明确要求各级保护区都必须“禁止一切破坏水环境生态平衡的活动以及破坏水源林、生态林、护岸林、与水源相关保护植被的活动”。

二、改革举措

习近平总书记强调，推动绿色发展，建设生态文明，重在建章立制。长河水库水资源保护改革从一开始就非常重视制度建设，注意培养政府和社会共识，加强体制创新，推动协作共管，形成跨部门、跨类别多元主体的合力，建立长河水库水资源保护规范化长效机制。

（一）发布系列文件，建立健全长河水库水资源保护规范体系

临武县从2011年开始大力加强长河水库水资源保护，从一开始就非常注重建章立制，凸显规范化长效机制建设的特质。县人大、县政府、县水务局等部门以及长河水库管理所先后发布的各种决议、规划、方案、办法等有十多种。最基本的文件是2011年临武县十五届人大四次会议通过的《关于加强长河水库水资源保护的决议》，其他核心文件包括《临武

县人民政府关于切实做好长河水库水资源保护工作的通知》（临政发〔2011〕7号）、《临武县长河水库水资源保护工作五年规划》《临武县2011年长河水库水资源保护工作实施方案》（及其后每一年的实施方案）、《临武县河道水库保洁工作实施方案》《临武县长河水库水资源一级保护区红线图及其说明》《临武县长河水库水资源一级保护区森林生态补偿办法》《长河水库水资源保护管理办法》《临武县长河水库水资源保护设施管护办法》等，这一系列文件明确了长河水库水资源保护的指导思想、工作目标、实施步骤、主要措施、基本保障以及具体实施方案等内容。正是这些规范化机制的逐步推进，使得第一个五年计划和每年的实施方案得以落实，使长河水库水资源在经济社会快速发展的五年里得到有效的保护。2016年，在县人大的推动下，县政府又组织制定和发布了《临武县长河水库水资源保护2016—2030年十五规划》和《临武县长河水库水资源保护2016—2020五年实施方案》，为长河水库水资源的进一步保护和可持续利用绘制了蓝图。

（二）宣传教育，培养“保护长河水、珍爱生命源”的共识

为营造全民参与的浓厚氛围，推进长河水库水资源保护改革，先后采取了电视台播放公益广告，保护区制作并树立或悬挂标牌标语，在网站开设专题，召开专题宣传会议或者专题研讨会等多种方式，全方位、多角度、多层次宣传长河水库水资源保护工作措施及成效，以培养水资源保护的社会共识，弘扬社会公德，强化社会责任，树立“保护水源、人人有责”和“功在当代、利在千秋”的理念。还将建章立制与管理经验、先进事迹做成宣传册发放到每家每户，做到家喻户晓、人人皆知，营造水资源保护浓厚氛围，形成水资源保护工作合力。

（1）充分利用各种媒体不断宣传。自2011年以来，临武县政府组织县内各类新闻媒体客观如实报道长河水库污染现状、整治过程和效果。县电视台黄金时段滚动播放公益短片和宣传标语，长期在《临武新闻》前后播出“长河水库水资源保护”宣传标语。在临武新闻网站开设“长河水库水资源保护”专栏，及时宣传先进，通报工作不力的单位和部门，曝光不文明行为和陋习。此外，县政府还采取措施，明确了专门班子负责策划制作“长河水库水资源保护专题宣传片”。同时，在水资源保护区路口、村庄、人口密集区树立各类宣传牌近300块，将保护长河水库的基本精神和规章制度展示在人们的日常生活之中。

（2）组织专题会议与大型专题宣传活动。县政府多次召集相关乡、村开展两级长河水库水资源保护专题宣传会议，统一思想行动，组织相关部门和乡镇利用宣传车队，深入保护区各集镇、村、组进行巡回宣传。2014年先后组织18个成员单位约200余人次开展了以“保护长河水、珍爱生命源”为主题的长河水库水资源保护巡回宣传暨综合执法大型活动，出动宣传车辆100余台次，悬挂宣传标语80余条，发出倡议书1万多份，制作安全宣传牌46块，发放宣传册近4000份，发送手机短信20万条。活动重点范围包含西瑶、武源、花塘等长河水库周边乡镇村庄和县城，大力宣传水资源保护的法规制度政策，提高广大群众的保护意识。

（3）在中小学开展主题教育活动。在县城城区、花塘乡、武源乡、西瑶乡中小学校开展以“保护长河水、珍爱生命源”为主题的教育活动。总结成功经验，积极向上级政府和部门汇报保护水资源的成效，展示临武水资源保护的亮点。

（4）在媒体发表文章推介。在《东西南北水文化》杂志和《郴州日报》上发表了宣传长河水库水资源保护的系列文章。

广泛的宣传不仅仅培养了长河水库集水区人们保护水资源的普遍意识，也为全省乃至全国提供了水资源保护改革的有益参考。

（三）创新“一办七组”协同共管体制

长河水库水资源保护涉及利益众多，政府十多个部门的职权在此都有交叉。因此，为了避免部门之间争利推责，形成齐抓共管的合力，临武县人民政府发布了《关于切实做好长河水库水资源保护工作的通知》（临政发〔2011〕7号），决定成立临武县长河水库水资源保护工作领导小组，由县长任组长，县政府相关领导任副组长；县直相关部门、相关单位和相关乡镇主要负责人为成员；领导小组下设综合办公室，由水务、林业、环保、卫生、国土资源、农业、环卫、长河水库管理所等单位抽派的精干业务人员组成，负责领导小组的常务工作。随后于8月4日制定发布《临武县2011年长河水库水资源保护工作实施方案》，将领导小组综合办公室设在长河水库管理所，由县政办副主任兼任办公室主任，综合办公室内设以下 6 个专项工作组：

（1）森林资源保护组。负责组织开展长河水库水资源保护区的封山育林、退耕还林、绿化造林和禁伐、限伐等森林资源保护工作。

（2）垃圾处理组。负责长河水库水资源保护区的环境卫生治理和生产生活垃圾集中处理，组织实施农村改厕工程等相关工作。

（3）水质监测保护组。负责制定农村生产生活污水处理规划，组织实施农村污水处理工程，对长河水库出入库水进行动态监测，特殊时期每周提交监测报告并在电视上通报，提供有关资料数据，监督落实水资源保护有关法律法规和政策规定等相关工作。

（4）农田污染治理组。负责组织开展农田污染治理，测土配方施肥、科学施药、防虫防病技术推广、农田改造等相关工作。

（5）巡查管理组。负责对长河水库保护区范围内的所有连接水域和一级保护区域进行日常巡查，及时清理水面漂浮污染物，制止污染水质的生产经营行为和人为活动；对长河水库保护区环境卫生状况进行日常监察，发现问题及时报告综合办公室；向库区放养雄鱼等滤食性鱼种，提高水体的生物净化能力。

（6）督查督办组。负责定期、不定期开展长河水库水资源保护工作的监督检查和督促指导，及时发布督查通报，表彰先进、鞭策后进；制定长河水库水资源保护工作考核方案，组织实行年度考核评比，落实责任追究制度。

随后，8 月 24 日，长河水库水资源保护工作领导小组在《关于长河水库水资源保护工作调度会议纪要》（临水资保阅〔2011〕1 号）中决定增设“宣传教育工作组”，负责有关长河水库水资源保护的宣传教育工作。至此，独特的长河水库水资源保护“一办七组”协同共管的体制形成了。

（四）建立联防联控的协作机制

长河水库水资源保护工作领导小组成立后，即以类似于部门联席会议的“工作调度会议”开展了工作，发布具体工作要求和安排，各个小组也逐渐创建了“联合检查、督促与执法”的工作方式，协同共管长河水库水资源保护工作。

随着工作的不断推进，为了加强长河水库水资源保护区的日常巡查和及时有效执法，立足实际，组建了由6名巡查员和19名村级信息员组成的长河水库水资源保护联防巡查大队，配置公务巡逻艇和垃圾打捞船各一艘，明确巡查的项目和时间及路线，坚持不间断巡查督促和清理库区垃圾，并认真记录巡查日志，对保护区范围内的污染源进行排查摸底，还不定期开展集中整治行动。从公安、水务、畜牧、工商、卫生、环保、食品药品监督等相关职能部门各抽调一名分管领导、一名执法人员正式组建了长河水库水资源保护联合执法大队，由有关部门分别授权，坚持每周巡查，强化联合执法，重点巡查打击长河水库水资源保护区内危害长河水库水资源安全的违法违规行为。

这样，长河水库水资源保护形成了由“工作调度会议”决策和督促，由联防巡查大队开展日常巡查，由联合执法大队具体执法的联防联控协作机制，为长河水库水资源保护工作落到实处提供了保障。

（五）因地制宜，运用各种工程和技术手段

长河水库水资源保护综合运用了各种科学的工程和技术手段，立足于实际的经济、社会和文化情况，尽可能采取成本最小、效益最大的方案和措施。典型的措施包括以下5点。

1. 合理划定保护区范围

根据国家和省市关于县级以上地表水集中饮用水源保护区划定的要求，考虑长河水库水资源保护的现实需要，考虑到可能影响水库水资源安全的区域和社会文化因素，结合地质、水文等科学考察结论，将保护区划分为一级保护区、二级保护区、准保护区。一级保护区是整个长河水库高程校核洪水位348.06米以下水面范围及其与四至相连的河道水域。东起长河水库大坝、南至大水湾、西到和尚庄电站、北至烟竹塘，陆域范围为与四至相连的第一层山脊线向水坡地。二级保护区分武源二级保护区和西瑶二级保护区、西山林场二级保护区：①武源二级保护区东起高桥、南到朝天辣椒嘴、西至野华山、北为笔架山，与四至相连的第一层山脊线向水波地及其流域；②西瑶二级保护区东起大水湾、南到西瑶河南岸、西至炭头坪、北为岩里圭防火带，与四至相连的第一层山脊线向水坡地及其流域；③西山林场二级保护区西到两水口、南到炭头坪，与西瑶二级保护区相连，北到野华山与一级保护区及武源二级保护区相连，南到岩里圭防火带与一级保护区及西瑶二级保护区相连。准保护区是长河水库流域内除一级、二级保护区以外的区域。长河水库保护区俯视图之一如图 2-2 所示。

图 2-2　长河水库保护区图

2. 完善环卫设施，多途径处理生活垃圾

推行“户分类、村收集、乡中转、县处理”的生活垃圾处理模式，全面规范村民的垃圾处置行为。建成了武源乡 5 吨级地埋式压缩垃圾中转站和西瑶乡联体式垃圾中转站，全面建成垃圾收集网络 7563 米，建垃圾收集池 7 座，安放活动垃圾箱 26 个，发放垃圾桶 3000 个。每个村组安排 2 名卫生员管理村组、河道公共卫生，用《村民卫生公约》规范村民保洁行为，并配置垃圾收集车 4 台，将村庄、河道垃圾按制定的路线、时间收入中转站，县环卫所每 2 天一次性将垃圾转运至县城垃圾处理场进行无害化处理，实现了垃圾处理“减量化、无害化”的目标。目前，长河水库一级保护区范围内所有行政村垃圾处理都已基本完成。

3. 发展生态农业，减少农业污染

对保护区 8000 亩耕地进行测土配方，年减少化肥使用量达 130 余吨，为农户节本增收 160 余万元。安装太阳能杀虫灯 150 盏，覆盖水稻生产面积 6438 亩，每年能有效减少长河水库上游农田农药使用量 70%，减少农药使用量6吨，节约农户农药支出24万元，增加农户收入300余万元；推广示范500亩绿色无公害优质稻，将保护区打造成生态绿色环保农副产品基地。

4. 推广洁净能源，实现废料再利用

继续加大对农村清洁能源项目农户的技术培训工作，做好项目后续管理工作，对使用沼气、太阳能热水器、高效生物质节柴炉灶的农户予以适当补贴，积极推广，提高入户率和使用率；在农村禽畜粪便和植物废料处理上，充分利用建成的134口沼气池，进行全面处理，扩大有机肥的来源，全面提高农村废料回收利用率，减少生产生活所带来的污染。

5. 创新污水处理技术，有效控制水污染

运用“村级收集→一级氧化塘沉淀→二级氧化塘净化→人工湿地吸附过滤→下河入库”的污水处理技术，在武源、西瑶建成500亩氧化塘和人工湿地污水集中处理工程，并配套建设污水收集管网16500米，能同时吸收6个村委12个自然村的生活污水，同时结合长河清洁小流域工程、农村污染防治整县推进工程等项目，杜绝了污水直排入河入库，实现了保护区生活污水全面收集处理。建成了和尚庄、桑水、焦冲河、马渡崎入水口和高涵出水口5个监测点，每月取样监测，每季进行一次全面分析，检测信息实现环保、水务、供水企业等部门同步共享。同时，近年来共投放200万尾滤食性鱼种，通过鱼类自然消化水中的氮磷化合物，食取水中的浮游生物，有效抑制水质富营养化，改善水生态环境。

三、改革成效

长河水库水资源保护改革从2011年开始，经过了6年全面探索和稳步推进，取得了很好的生态效益、经济效益和社会效益，获得了很好的制度创新经验。库区水质得到了明显改善，经济社会蓬勃发展，人水和谐彰显改革的丰硕结果，有力地论证了习总书记所揭示的“保护环境就是保护生产力，改善环境就是发展生产力”的科学论断。

（一）产生了良好的生态效益

长河水库水资源保护经过几年的努力，通过库区堤防、沟渠等基础水利工程和生态工程建设，尤其是宜林地补植补造13487亩，水土流失治理1000余亩、治理河道1.2公里，种植景观林木2000余棵，完成长河生态清洁小流域建设工程等。这些生态措施减少了库区水土流失，提高了库区涵养水源的能力。库区及周边经济和社会发展增速，同时库区水量得到了充分保障。长河水库整治后效果如图2-3所示。

图2-3　临武县长河水库整治效果图

随着库区生活垃圾和生活污水的全方位治理，流入库区的垃圾和污水大幅度减少，库区水体水质明显好转。湖南省水环境监测中心郴州分中心从2012年起在长河水库库区和武水河干流临武县城临东桥设置了2个水质监测断面进行监测。根据监测成果，采用单因子评价法，按照《地表水环境质量标准》（GB 3838—2002），选取pH值、电导率、溶解氧、高锰酸钾盐指数、五日生化需氧量、氨氮、氟化物、挥发酚、氰化物、六价铬、汞、砷、铅、铜、锌、镉、石油类、总磷18项指标作为评价参数，对武水河和长河水库水质进行了总体评价。评价结果为：长河水库水质达标，达到地表水Ⅱ类水标准，监测的各个项目基本符合《地表水环境质量标准》（GB 3838—2002）中Ⅰ类水质标准要求，同时符合国家城镇建设行业生活饮用水水源一级标准。

（二）产生了积极的社会影响

长河水库水资源保护改革六年来，虽然并没有促进库区流域整体产业转型，但是一方面培养了全社会“保护生态环境功在千秋”的普遍意识，内在地激励人们改变污染破坏库区生态环境的生产和生活方式，生态旅游、生态农业也日益受重视；另一方面，通过污染控制和水量有序调度，很大程度上解决了以往干旱季节各类争水纠纷，促进了社会和谐。

此外，长河水库水资源保护改革在全省乃至全国都是起步最早、发展最平稳的典型之一，有较丰富的经验可资借鉴，因此也吸引了县外媒体、政府和社会的关注。2014 年 5 月 6 日郴州 11 家新闻媒体在临武县举行“生态文明暨创建国家森林城市郴州行活动”，在“郴州 8 点”（现更名为“今晚 8 点”）正面报道了长河水库水资源保护工作。9 月底湖南省湘江保护协调委员会组织《湖南日报》、红网等多家省级新闻媒体开展“湘江保护工作媒体宣传报道”，在临武采访了长河水库水资源保护工作情况。因为媒体宣传的扩大效应，吸引了岳阳市铁山水库管理局组织库区周边村委支部书记 82 人、河北省廊坊市水务局局长王秀富率领的 15 人等省内省外同行来临武县学习交流水资源保护工作经验。长河水库成为临武县的一张新名片，为库区及周边地区经济社会发展不断创造新的机遇。

（三）展现了良性发展的制度效益

长河水库水资源保护工作是一项系统工程，短期靠调度协调，长期靠制度管理。如上所述，长河水库水资源保护工作从一开始就非常注重规范化稳步推进。目前，已经形成了较为全面规范的体系，确立了有地方特色的“一办七组”协同共管体制、联防联控机制，并创新运用各种工程和技术手段因地制宜解决水资源保护面临的问题。因为其规范化的特点，不仅为外界提供了可复制的经验原型，也为吸取教训、扬长避短、进一步推进长河水库水资源保护工作奠定了基础。

四、改革经验

长河水库水资源保护改革之所以能取得不错的成果，离不开临武县人大和政府的远见卓识，在鲜有人跳出唯 GDP 论英雄的桎梏的时候，就奏响了长河水库水生态环境保护优先于 GDP 发展的进行曲。纵观这几年的探索，可以总结出几点基本经验，即“高位推动、建章守制、稳定队伍真抓实干”。其中，“高位推动”是前提，“建章守制”是基础，“稳定队伍真抓实干”是保障，因地制宜创新机制是关键。这些经验，成就了长河水库水资源改革这一可资借鉴的样本。

（一）高位推动形成顶层设计

2011年2月22日，临武县人大发布《关于加强长河水库水资源保护的决议》（简称《决议》），意味着长河水库水资源保护改革正式开始。其实，早在2005年县人大常委会就发布了《省市县人大代表对长河水库水源保护及武水河综合治理视察活动审议意见》，提出保护长河水库水源是“功在当代、利在千秋”的“头等大事”。2010年，县人大专门组织了历时数月的专题调研，发布了《关于加强对长河水库水源保护的调研报告》，在此基础上形成了临武县十五届人大四次会议的《关于加强长河水库水源保护的议案》，然后出台了2011年的《决议》，明确要求县政府尽快制定出对长河水库水资源保护的工作实施方案，“切实保护好长河水库水资源，造福全县人民”。为了确保《决议》的有效落实，切实保护好长河水库水资源，2011年9月29日，临武县人大常委会发布了《〈关于加强长河水库水资源保护的决议〉落实情况专题询问工作方案》，决定分五个调查组在十月对长河水库水资源保护领导小组“一办七组”的各项工作进行调研，然后于10月20日县十五届人大常委会第三十四次会议将“开展长河水库水资源保护工作专题询问”作为会议议程核心主题，并审议《临武县人民代表大会及其常务委员会专题询问和质询办法》。正是因为人大的主动认真和细致督促与推动，临武县人民政府在2011年7月就发布了《临武县人民政府关于切实做好长河水库水资源保护工作的通知》（临政发〔2011〕7号）这个纲领性文件，从指导思想到目标、步骤、组织和制度保障等都做了安排，紧接着又发布了《临武县2011年长河水库水资源保护工作实施方案》对“一办七组”的领导小组的构成、职能分工和基本的工作机制做出了明确规定，也对各项工作任务及其落实做出了系统安排，领导小组由县领导担任，各小组负责人也是各有关部门直接负责人，在县人大的勤勉督促下，县人大和政府形成的高规格、规范性的体制机制成为落实长河水库水资源保护工作的科学顶层设计。

（二）立足草根的强力宣传奠定社会基础

《临武县人民政府关于切实做好长河水库水资源保护工作的通知》（临政发〔2011〕7号）中就将“加大宣传力度，营造浓厚的水资源保护氛围”作为第一项重要举措，要求全县上下必须牢固树立“保护水源、人人有责”“功在当代、利在千秋”的责任感和使命感，积极开展长河水库水资源保护工作。要弘扬社会公德，强化社会责任，组织县内各类新闻媒体客观如实地报道长河水库污染现状、整治过程和效果，通过采取开设新闻专栏、播放公益短片、制作宣传光碟、悬挂标语横幅、召开各类会议等宣传形式，在全县进行广泛宣传。随后在长河水库水资源保护领导小组中还专门成立了“宣传教育组”，以老百姓喜闻乐见的各种方式，将“保护长河水，珍爱生命源”的精神输送到田间地头以及千家万户居民的手上，浸入到他们的心头，为后期工作的不断深化奠定了越来越深厚的民意基础，也充分调动了人们参与长河水库水资源保护的主动性、积极性和使命感、自豪感。这反过来对各级政府保护长河水库水资源的工作也起到推进作用，事实上也将政府和企业在长河水库集水区内的活动置于人民普遍监督之中，最终起到上下贯通保护长河水库水资源的效果。

（三）建章守制铸就长效机制

如上所述，县人大做出保护长河水库水资源的决定，并督促县政府励精图治、制定详细的规划和实施方案，并不断制定和完善系列规章制度。而且人大要求每年审核政府长河水库水资源保护情况的报告，要求政府接受人大的专题询问，并将其作为考核政府是否称职的重要依据。此外，人大还经常组织长河水库水资源保护专门调研，听取基层民声。这不仅是对人大工作本身的督促，更是对政府是否勤政的监督，也迫使政府建立了严格的相关考核制度，将长河水库水资源保护工作纳入到各相关部门的考核硬指标中，形成了建章守制的基本工作氛围，为长河水库水资源保护建立了体系化的长效机制。

（四）稳定队伍坚持真抓实干

长河水库水资源保护工作千头万绪，牵涉的利益也非常多，需要协调的主体多，工作难度大而且事务繁杂，需要工作人员拥有专业技术和优秀的沟通能力，这样的人才很难吸引到长河水库水资源保护的基层岗位，来了也很难久留。因此，无论是县人大还是政府，尤其是水务局和长河水库管理所领导都非常重视人才培养、引进和稳定：一是结合考核和宣传，以事业留人；二是师傅带徒弟培养本土优秀人才，以感情留人；三是政策重视，财政支持，为化解工作困境提供基本的保障。从2011年开始就将长河水库水资源保护工作纳入县财政预算，并优先支持长河水库水资源保护工作经费。从长河水库水资源保护领导小组到具体的每个村的相关工作人员都将工作职责予以明确，责任到事，责任到人，严格督促和考核，奖勤罚懒，真抓实干保护长河水库水资源。

五、改革瓶颈及对策

长河水库水资源保护改革彰显了敢为天下先的勇气和执着精神，有不少可圈可点的成就，也可以从不同的视角总结出诸多成功经验。但是，在肯定其重大成绩和成功经验的同时，也应看到长河水库水资源保护还有很多有待改进或突破的地方，在当前全面深化改革的新形势下，需要继续做出进一步努力，反思和认识面临的瓶颈或不足，将改革推向更深一步。

（一）立足长远，进一步强化体制机制建设

长河水库水资源保护改革最重要的成就、最基础性的工作，也是最急需完善的工作就是体制机制建设。长河水库水资源保护工作业务性强、牵涉面广，可以说是一项全国都在探索的创造性工作，没有成熟的先例也没有统一标准可参照，在具体操作中难以把握分寸。现有的“一办七组”的长河水库水资源保护工作领导小组虽然已经搭建了很好的体制机制框架，但是随着改革的不断深入展开，越来越需要严谨、规范、详细的操作措施。虽然已经制定了《临武县长河水库水资源保护2016—2030年十五规划》和《临武县长河水库水资源保护2016—2020五年实施方案》，但是具体落实还需要具体操作规程，尤其是需要修订完善或制定《临武县长河水库水资源保护领导小组工作规程》《临武县长河水库水资源保护管理办法》《临武县长河水库水资源保护设施建设、管理和维护办法》《临武县长河水库水资源一级保护区森林生态补偿方案》这4个文件。基于所牵涉的利益和工作的基础性和复杂性，《临武县长河水库水资源保护领导小组工作规程》《临武县长河水库水资源保护管理办法》《临武县长河水库水资源保护设施建设、管理和维护办法》最好由人大制定，使

长河水库水资源保护顶层设计更加规范和权威，让各项工作系统化、制度化和规范化，巩固并提高水资源保护成果。

（二）强化协作共治，形成监管合力

长河水库水资源保护工作涉及多个乡镇、多个职能部门，跨部门跨行政区协调困难，各职能部门之间缺乏有效配合，没有形成监管合力，水资源保护工作很难落实到位。虽然已经初步建立了由“工作调度会议”决策和督促，“联防巡查大队”开展日常巡查，“联合执法大队”具体执法的联防联控协作机制，但是，这三大机制都还缺乏充分的规范性。“工作调度会议”还存在较大的随意性，日常巡查也常常缺位。各职能部门严把保护区内项目审批关，但日常巡查力度不够，保护区内违规行为不断出现，甚至还有变本加厉的情形。联合执法缺乏明确的操作规程，协调时间长，难度大。因此，急需制定《临武县长河水库水资源保护联防巡查大队工作规程》《临武县长河水库水资源保护联合执法大队工作规程》，将两个具体落实水资源保护日常管理工作的组织及其工作规程明确化、合法化，并使其有章可循，以此强化协作共治，形成监管合力。

（三）多元化弥补经费缺口

长河水库水资源保护牵涉利益众多，因此，所需各类资金相应也比较多。虽然县财政十分紧张，每年财政缺口都多达数亿元，但对长河水库水资源保护工作不能减弱财政支持，否则可能前功尽弃。基于长河水库独一无二的重要地位，应该继续保障和加大本级财政投入。2015 年安排了 500 万元资金，应该在近几年保持本级财政投入稳中有升，同时还应该加大争资立项的力度。水务部门积极与省市加强联系，主动汇报，争取了 460 万的革命老区水土保持项目，并想方设法与省市沟通，把项目资金投入到长河水库水资源保护工作中。环保部门争取了 2000 万的农村污染防治整县推进项目，部分资金可用于长河水库水资源保护工作，还应该加强地方自筹资金投入。同时应该建立有效的资金专款专用监管制度，严格执行投资问效、追踪管理，对资金的来源、申请、使用进行严格的审核，对资金使用全过程进行监督，对资金使用的重大失误进行责任追究。

除此之外，还应该引导企业和个人投资长河水库水资源保护，按照“政府引导、社会参与、市场运作”的要求，鼓励不同经济成分和各类投资主体以多种形式参与该项目建设。按照保本微利的公益事业市场化规则，确定生活污水处理、有害废物和垃圾处理的收费标准。吸引外资、民资及其他社会资本，增加水源地保护建设的资金投入。作为吸收社会投资所必需的制度工具，“长河水库资源有偿使用制度”亟待研究建立。明确“谁受益、谁补偿，谁破坏、谁恢复”的原则，建立生态补偿制度，用于补偿集水区群众由于水资源保护所承受的经济损失。加强政府宏观调控，依靠价值规律和供求关系来调整水资源价格，结合中央1号文件精神，开征饮用水生态补偿资金。只有建立了科学的资源有偿使用制度、生态补偿制度，才能真正调动社会主体的积极性和创造性，更有力地促进长河水库水资源保护事业的发展。

附件：临武县长河水库水资源保护制度清单

1.《2017年度郴州市实行最严格水资源管理制度考核工作方案》
2.《郴州市实行最严格水资源管理制度考核办法》
3.《临武县长河水库水资源保护工作五年规划》
4.《临武县2011年长河水库水资源保护工作实施方案》
5.《长河水库管理所应对突发性水污染事件预案》
6.《临武县河道水库保洁工作实施方案》
7.《临武县实行最严格水资源管理制度考核办法》
8.《临武县长河水库水资源一级保护区森林生态补偿办法》
9.《长河水库水资源保护管理办法》
10.《临武县长河水库水资源保护设施管护办法》
11.《临武县实行最严格水资源管理制度实施方案》
12.《临武县长河水库饮用水水源地安全保障达标建设方案》

第三章

水生态文明体系改革

水生态文明建设是整个生态文明建设的重要组成部分，湖南省河网密布，具有十分丰富的水资源，但由于水资源的利用率不高，水生态文明的保护状况并不乐观，应该将推进水生态文明体制改革放在极其重要的位置。近年来湖南省贯彻落实习近平总书记治水兴水的重要战略思想，按照“节水优先、空间均衡、系统治理、两手发力”的新时期治水方针，重点体现绿色生态目标，以水生态文明城乡建设为载体，以实施最严格水资源管理制度为核心，建立健全水生态文明制度体系，优化水资源配置格局。全面促进水资源节约利用，恢复水生态系统健康，加快推进水生态文明建设，努力走出一条有中国特色、湖南特点的水生态文明建设道路。

打造湖南水生态文明，必须转变发展理念，强化制度建设，建立健全水生态文明建设制度体系。近年来，湖南省政府相继印发了《关于加快推进水生态文明建设的指导意见》，出台了《湖南省最严格水资源管理制度实施方案》《湖南省水功能区监督管理办法》等一系列文件，初步形成“源头防控、过程监管、后果追责”的制度体系。值得一提的是2013年湖南省政府出台《湖南省最严格水资源管理制度实施方案》，对各市州实行最严格水资源管理制度情况进行考核。考核内容包括各市州水资源管理制度目标完成、制度建设和措施落实情况。此外湖南省抓紧落实《湖南省“十三五”水资源消耗总量和强度双控行动实施方案》，以落实最严格水资源管理制度为基础，对水资源消耗总量和强度实施严格管控，强化水资源管理硬约束。通过连续三年来对14个市州实行最严格水资源管理制度考核，从制度上促使减少污染物排放，节约了能源和水土资源，倒逼经济发展方式向绿色方式转变，提高湖南省水生态文明水平。

打造湖南水生态文明，必须大力破除体制障碍，狠抓体制机制改革。针对水资源管理中存在的体制机制问题，大胆创新、践行改革。大力推进流域综合管理，贯彻落实河长制要求，发挥各级河长的积极作用，突出各市州保护水环境的工作重心，明确流域管理各级重点任务、责任主体以及具体措施，初步形成各级各部门齐抓共管、各项工作有序推进的工作局面。健全水生态文明标准体系，探索水生态补偿机制和水权交易制度，对落实“共享”发展理念进行有益尝试，在桂东、汝城、宜章、资兴等环东江湖地区开展了水资源生态红线划定试点。

打造湖南水生态文明，必须着力推进水环境污染防治。湖南省狠抓工业污染，集中治理工业集聚区水污染。开展环境保护大检查，对大检查中发现的环境问题，列出清单制定综合整改方案。集聚区内工业废水必须经预处理达到集中处理要求，方可进入污水集中处理设施。同时也不放松城乡生活污染的治理，全面加强配套管网建设。强化城中村、老旧城区和城乡结合部污水截流、收集。现有合流制排水系统应加快实施雨污分流改造，对难以改造的，采取截流、调蓄和治理等措施。

打造湖南水生态文明，必须尊重自然规律，加强水生态环境的修护与保护。湖南省因地制宜，结合各市州具体情况进行生态管控治理，如长沙市探索建立的“上游生态保护、中游生态治理、下游生态修复”系统治理模式和郴州市形成的“一三六八六”水生态文明建设经验，沅江市、涟源市、凤凰县等市县通过实施“河湖连通”积极开展水生态文明建设；岳阳市推进“四湖两河”城乡环境综合治理；衡阳组建了水政监察支队、河道管理联合执法队和衡阳市城区河道管理联合执法队，强化了涉水执法；张家界精心治理澧水河，打造“水清河畅岸绿景美”生态河道。以各市州为点，带动湖南省整体生态文明的进步，经过数年努力，湖南省生态、经济和社会效益有了显著提升。

长沙县积极落实中央文件精神，在捞刀河流域开展水生态综合治理工作，着力恢复捞刀河流域生态功能，开展污水处理与管网建设、岸坡整治、清淤治理、湿地建设、水质改善等多项工程。在治污思路上，从污染末端治理转向污染源头治理，从人为的化学处理转向自然生物处理——建设人工湿地，从局部治理到全流域生态治理。在治理措施上，坚持科学规划先行，编制了《长沙县中小河流治理规划》，并进行防洪排涝灌溉工程，实施水质改善工程，进行人工湿地建设，修建生态景观工程。华容县针对管理权属不规范、制度不全、经费不足、执法不严等问题，2015年3月组织相关单位成立专题调研组拿出治理方案，于2015年8月成立了“华容县堤防管理所”，定编20人，专职负责全县一线防洪大堤的日常管护工作。华容县结合多年的管理经验制定了堤防管理日常管护制度，并加强宣传力度和开展联合执法，落实工程措施，严格奖惩制度，使得县境内堤防管护更加规范化。

2017年10月，湖南省水生态文明建设工作得到了水利部高度肯定，长沙市、郴州市通过全国水生态文明城市建设试点验收工作，成为第一批国家级水生态文明城市。在取得一定成绩的同时，湖南省水生态文明建设也存在一些不足，环境问题尚未解决，生态环境监管体制并不完善，水资源监督与管理制度存在死角。下一步湖南省将围绕推进绿色发展、着力解决突出环境问题、加大生态系统保护力度、改革生态环境监管体制等重要问题，大力推进全省水资源管理、节约与保护工作。认真做好水功能区监督管理、饮用水水源地保护、县域节水型社会达标建设、水资源环境承载能力核定、水资源、水生态、水环境监控监测体系建设等系列工作，推动湖南省水生态文明建设更上一个台阶。

流域水生态治理　重现美丽水乡

——长沙县捞刀河流域加强水生态综合治理

【操作规程】

一、工作步骤

（一）加强组织机构建设，落实河长制

尽快建立河长联席会议制度，成立河长制办公室，抓紧提出河长制办公室设置方案，明确牵头单位和组成部门，搭建工作平台，建立工作机制。

（二）调查摸底

由水利、农业、财政、环保等部门会同各村委会通过现场走访，对本区域内河道的防洪、灌溉、生态保护等情况调查摸底。

（三）编审方案

以调查数据为基础，以村为单位提出水系综合整治方案（含河道疏浚、河道清障、岸坡整治、山塘清淤、水质改善工程等），实行“一河一策”对每条河流提出水资源保护、水域岸线管理保护、水污染防治、水环境治理、水生态修复、执法监管等目标任务，统筹经济社会发展和生态环境保护要求。

（四）设计并招标

邀请有资质的单位对设施内容进行设计、预算，并报财政、审计、水利部门进行图纸、标底会审后，根据招投标法的相关要求进行工程招投标。

（五）组织施工

根据设计要求，组织实施本辖区范围内的河道生态治理工程，由水

利部门负责验收。

（六）建后工程管护

因地制宜，探索创新管护模式，明确管护责任主体，制定工程管护绩效考核办法。

二、工作流程图

长沙县捞刀河流域水生态综合治理流程如图3－1所示。

【典型案例】

一、改革背景

捞刀河为长沙县两条最主要河流之一，其在长沙县境内有大小19条支流，主要为金井河、白沙河等；金井河是捞刀河最大支流，有大小22条支流，主要支流有浔龙河、麻林河、金脱河、青山河等。捞刀河是湘江的一级支流，发源于浏阳市的石柱峰，在长沙城北洋油池汇入湘江。捞刀河全长141公里，集雨面积2543平方公里，河流平均坡降0.780‰。在长沙县境内流经春华镇、黄花镇、果园镇和安沙镇，注入湘江，长约51公里，集雨面积1204.8平方公里。

金井河为捞刀河的一级支流，发源于长沙县马岭，流经金井镇、高桥镇、路口镇和果园镇，汇入捞刀河，河流长63.0公里，流域面积726平方公里。

白沙河为捞刀河的一级支流，河流长46.5公里，流域面积320平方公里，在长沙县境内的集雨面积为190.5平方公里。

麻林河为金井河一级支流、捞刀河二级支流，集雨面积为183平方公里，河长34.8公里，河流坡降1.18‰，麻林河发源于开慧镇南岳村，流经开慧镇、福临镇、青山铺镇、路口镇和果园镇，在果园镇双河村汇入捞刀河。支流包括金山桥支流、梅素河、早耕河、赛头河、双起河、西冲港和同心河。

浔龙河为金井河一级支流、捞刀河二级支流，集雨面积为81.39平方公里，河长22.936公里，河流坡降2.0‰，浔龙河发源于青山铺镇天华

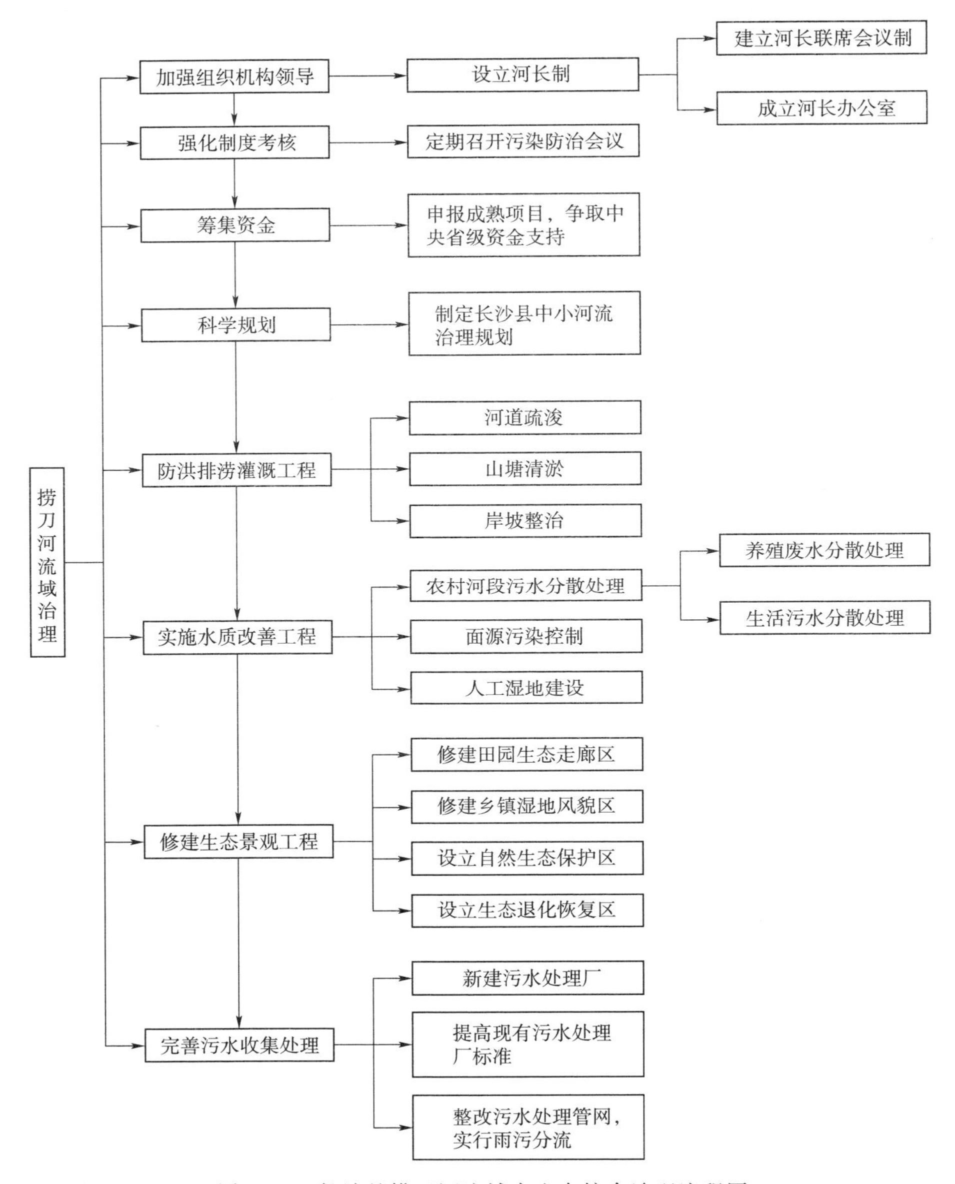

图 3-1　长沙县捞刀河流域水生态综合治理流程图

村，流经青山铺镇、安沙镇、果园镇、在果园镇双河村汇入金井河。

近年来，长沙县捞刀河水质污染情况日益突出，已经直接影响到下游城镇居民饮用水质量与安全。2014 年汛期降雨造成捞刀河水质严重污染，影响下游星沙自来水厂水源水质，主要原因是捞刀河流域牲畜养殖废水及农村面源污染，特别是麻林河流域。这些废水中主要包含微生物、有机物和氮、磷等无机物，以及部分有毒有害物质，未经处理或仅简单处理，平时积聚在养殖场附近低洼地带，汛期随降雨一起排入河道，使得纳污水体富营养化，氨、氮等严重超标，水流浑浊、黑臭，严重影响城乡供水安全。据现场调查，污水来源主要有以下几个方面。

（一）污水处理厂尾水

长沙县各乡镇普遍配有污水处理厂，虽然污水处理厂可削减大部分污染物，但尾水的排放量大，检测镇街各污水处理厂尾水指标，氮、磷和高锰酸盐浓度仍然较高，这对自净能力有限或已受到污染的受纳水体来说，并不能从根本上解决受纳水体的富营养化问题，只能延缓其发展趋势，所以尾水直接排入河道会污染水资源，需对尾水进行处理。

（二）周边居民的生活污水排放

目前流域范围内各乡镇尚未统一铺设污水收集管道，雨水、污水均随现状沟渠排入附近山塘或河道，沿河的居民将排污管道直接伸入河道，离河较远的居民生活污水经过化粪池后，通过暗管同样直接排入河道，河堤一侧的排污管道出口比比皆是，管道标高参差不齐。

（三）周边牲畜养殖场废水直接排放

上游河道沿线牲畜养殖存在无序发展、无序养殖的现状，牲畜养殖产生的大量污染物经简易处理或未经处理排放到水体中，对流域内水资源造成严重污染，目前已影响到下游城镇居民的饮水安全。

养殖废水中主要包含微生物、有机物和氮、磷等无机物，以及部分有毒有害物质，未经处理直接排放，使得纳污水体富营养化，氨、氮等严重超标，水流浑浊、黑臭，河道内悬浮物、沉积物比比皆是，对饮用水水源和地下水造成严重损害。

随着经济社会的不断发展，沿河居民对水环境建设有了更高的要求。但是，河床淤积、河道水域被占用、水质污染等问题严重，尤其是近年来工业污染向农村转移及农业面源污染加重等现象日益凸显，这直接影响到农村居民的生活饮用水安全及农业生产安全。目前麻林河河道水处理主要依靠天然水体自净，由于水体生态系统、食物链被破坏，水体自然净化功能严重受损。特别是枯水期，河道水量少，水体滞留时间长，水质状况较差，总氮、总磷的浓度高于藻类生长的临界浓度，极易发生水华。这一问题引起县委、县政府高度重视，有关领导组织县政府办、水务局、环保局、生态办、爱卫办及相关镇街主要负责人召开了对接会，部署污水治理工作。为及时遏制环境恶化、保护河流生态环境、保障城乡供水安全，开展捞刀河流域水系治污工作已迫在眉睫。

二、改革举措

（一）治污思路

流域水生态治理与一般的污水处理有很大的差别，其治理思路必须从自然性、生态性的角度出发，摈弃传统污水处理中采用的非自然、高成本、持久性差的技术，充分利用河道自然特点，发挥河道各生态因子的净化功能。

为逐步改善流域内水质，尽快实现提升水质的目的，截污治污工作根据各地不同情况分别采用不同方法进行治理。结合“流域、综合、生态”的治河理念，以及当前河道治理中对水质改善的前沿发展思路，针对本流域内河流水质和水环境状况，提出严格控制污水入河量，以微型净化系统为初步处理措施，防止粪渣、废液排入河道，以生态湿地建设为主导，全面治理流域污水，通过保护和改善河流水质，以提高河流及其子系统的自净能力，枯水期保障生态需水，满足水环境功能区水质目标。

1. 污染末端治理转向污染源头治理

河流的水质改善工作在于控制沿河污染物的进入，对于面源控制，最好是在污染物产生地加以减少或消除，也就是所谓“源头控制”的策略。

对人口比较集中的城镇区域，建设污水处理厂及配套管网集中处理；对于大型企业所产生的工业废水，必须自行处理达标后方可排入河道；对分散居住的农村生活污水及小规模养殖户的养殖废水，通过新建微型污水处理系统、四池净化等措施，对点源污染进行控制并治理。

长沙县境内捞刀河河道主要为农村郊野型河道，沿河两岸为大面积的农田种植保护区，土壤中残留农药、化肥会随降雨一同进入河道，增加水体有机物含量，形成面源污染。对于农业面源污染，重点开展生态农业示范基地建设，推进无公害农产品生产，调整农药产品结构，逐步淘汰高毒、高残留农药产品，减轻化肥超量施用对水体、土壤和农产品的污染。

2. 从人为的化学处理转向自然生物处理——建设人工湿地

调蓄湖与人工湿地系统是一种较好的废水处理方式，具有较高的环境效益、经济效益及社会效益，比较适合于处理水量不大、水质变化不太大、管理水平不太高的城镇污水，因此适合本项目农村中、小城镇的污水处理。

调蓄湖与湿地系统可以保护河流现有多样性生境，改善河流生态系统状况，使之具有健康性和可持续性。同时，使河流成为传承和彰显乡镇区域特色文化的载体，提升区域环境空间品质和环境价值，增加区域吸引力。

3. 局部治理到全流域生态治理

河流本身具有自净能力，治河过程中应坚持生态治理，结合河流生态修复，通过沿河布置生态草沟或是生物滞留槽和滞留池作为缓冲区，对面源污染进行拦截，防止含有机物的地表径流直接进入河道，使其净化过滤，削减水质污染负荷。减少硬质护岸措施，充分发挥河流自净修复能力，维护生态平衡，最终实现“水清、岸绿”的治理目标。

（二）治理措施

1. 坚持科学规划先行

编制了《长沙县中小河流治理规划》，坚持生态环保、标本兼治原则，对中小河流进行确权定界、保护范围内的房屋拆迁，实施环境整治、污染源控制、河道清淤、岸线工程等建设，满足防冲、防垮塌要求，突显生态、环保理念。设立取水码头和亲水平台，打造沿河生态风光带，建立河道管理长效机制，使河道成为城乡发展的生态景观主轴，促进城乡人居环境的提升，展现人水和谐的城乡新气象。

通过河道综合整治，使治理区河道功能恢复，防洪除涝能力显著提高，水环境显著改善，为恢复生物栖息、小气候调节、地下水补给、水质自净化、大气净化等河流自然生态功能创造条件，促使河流自然生态功能恢复，保障河道供水、亲水等其他功能持续发挥，最终实现“河畅、水清、岸绿、景美”的整治目标。

通过近三年的建设，捞刀河流域河道生态治理已完成麻林河、金脱河、双江口河、浔龙河与双江河等河道全流域生态治理，正在实施草塘堪河生态治理，下一步推进榨山港等河道的生态治理。结合河道治理完成了麻林河白马桥、同心村、洪家河生态湿地、金脱河石壁湖生态湿地、双江河双江人民公园生态湿地、浔龙河青洪湖湿地及双江口河斯洛克湖与大明湖生态湿地等人工生态湿地项目建设。

2. 防洪排涝灌溉工程

防洪排涝灌溉工程主要包括：疏浚整治工程、山塘清淤工程、岸坡整治工程。

（1）河道疏浚。为提高河道泄洪能力，要疏通河网水系的阻塞卡口段。采取清淤、清障的疏浚措施，挖除影响河道行洪的淤泥堆积体及垃圾，确保河道安全行洪。经水面线推求和现场实地踏勘、实测地形图分析，同时考虑河道行洪等因素导致河道变化，结合规划规模，对河段进行河道疏浚，降低河床高程，扩大河道的行洪面积，从而恢复提高河道行洪排涝能力，具体防洪标准参照表3-1。

表3-1　　防洪标准表

序号	类　型	本次设计防洪标准	备　注
1	生活区护岸	10年一遇	人口较多的集镇段
2	一般生产区护岸	5年一遇	以种植水稻的农田为主

同时，为了恢复河道的过流能力，改善河流生态环境和河道景观，对河道内影响防洪排涝、景观等建筑物、废弃物进行清除。

（2）山塘清淤。捞刀河流域内部分山塘淤积严重，蓄水量逐年减少，已不能满足日常灌溉用水，严重影响人们的生产和生活，特别是在汛期，给人们生命财产的安全带来了不少隐患。通过对山塘进行清淤，既可改善区域水环境与河、湖水质，又可解决季节性缺水矛盾，是确保饮水安全和提高灌溉供水保障程度的需要。

（3）岸坡整治。河段两岸岸坡由于遭水流冲刷和人为破坏而塌陷缺损，以至于对河道行洪造成影响，威胁到沿岸人民的生命财产安全，部分河道岸线不平顺，沿河居民随意将垃圾堆放至岸坡，部分有植被的岸坡也是杂草丛生，不美观、不规则，人口聚集区段岸坡缺少人员活动空间等。

岸坡整治工程分为生活区护岸和生产区护岸两种形式。生活区护岸指流经人口较为密集的村镇的河段，生产区护岸是指流经农田等人口较少区域的河段。生活区护岸主要是在河道清淤疏浚和水系沟通的基础上，通过生态修复及沿河生态风光带，保护自然生态等河道生态化建设措施，保护和重建受破坏的河岸生态系统，恢复河道生态功能，从而提高生态系统价值。生产区护岸遵循“按故道治河”的治理原则，充分尊重现状河道特性，河流形态平面布置基本维持现状河道中心线走向及位置，宜弯则弯、宜宽则宽，河道堤线与河势走向相适应，并与干支流堤段平顺衔接，保持河道弯曲、平顺、生态的自然形态。

3. 实施水质改善工程

据当地相关规划要求，镇区及居住密集的新型农村社区的生活污水将会由污水收集系统送至污水处理厂处理后排放，污水处理厂出水标准为一级A，再经过污水厂配套人工湿地处理后达到Ⅲ类水排放标准。大型企业及大型养殖场所产生的工业和养殖废水必须由各单位自行处理达标后，方可排入河道。在治理过程中针对沿河分散居民的生活污水和小规模养殖户的养殖废水，通过新建污水分散处理系统和沼气池，对分散居民点源污染进行控制。具体方案如下：

（1）农村河段污水分散处理。对项目区沿河农村生活污水及养殖废水总体上应采取“分散收集、分散处理、就近排放”的原则进行处理，对于无养殖废水分散农户的生活污水处理推荐采用如图3－2所示的方式；有养殖废水分散农户（存栏不大于20头的养殖户）的污水处理推荐采用如图3－3所示的方式；对于人口密集的镇区及新型农村社区的生活污水采用污水集中处理的方式，即通过污水处理厂二级处理后排放或回用，如图3－4所示；对于大型企业及具有一定规模养殖户产生的废水，要求其必须自行处理，经达标检测合格后方能排入河道。

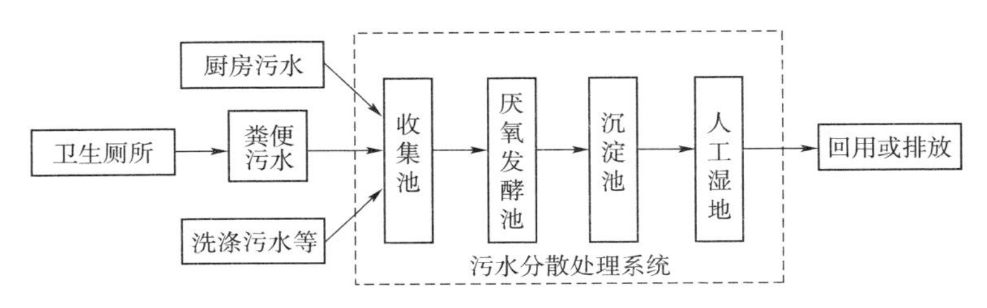

图 3-2　无养殖废水分散农户的生活污水处理方式流程图

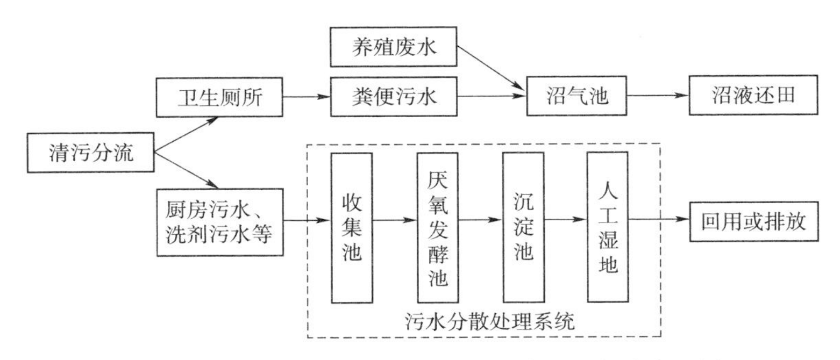

图 3-3　有养殖废水分散农户的污水处理方式流程图

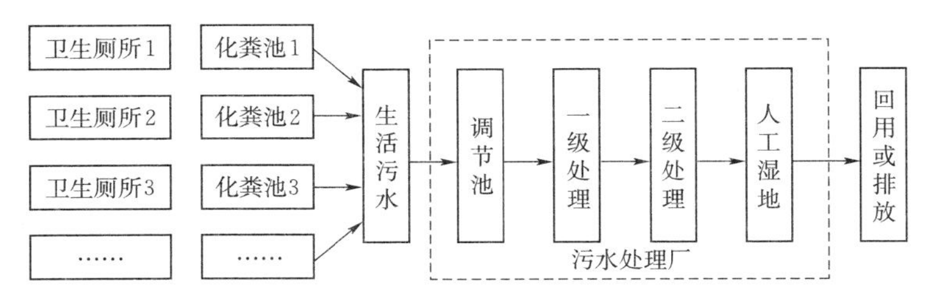

图 3-4　新型社区的污水处理方式流程图

（2）面源污染控制。对于面源污染控制，最好是在污染物产生地加以减少或消除，也就是“源头控制”（Source Control）的策略。重点结合河堤岸建设，沿堤岸设置生态渗透沟，达到控制面源污染的目的。

面源污染的控制是一项复杂的系统工程，在工程治理的同时，需要从政策和管理等多方面共同努力。面源污染控制，管理重于治理，需要由易到难逐步推行先进管理手段，从源头加以控制。

对于固体废弃物，一方面要通过制定严厉的排放处罚条例，以法律的形式约束、杜绝乱排乱放的现状问题；另一方面要加强对已有固体废弃物的处理。

对于农业面源污染，首先要摸清其在整个流域污染中的份额，在查明主要原因的基础上研究提出防治面源污染的政策、措施和管理机制，增加资金投入，重点开展生态农业示范基地建设，推进无公害农产品生产。针对部分农产品农药、亚硝酸盐、重金属等超标问题，切实加强农药、化肥、植物激素等污染源的综合治理。调整农药产品结构，逐步淘汰高毒、高残留农药产品；重点规范施肥技术，大力推广普及配方施肥技术，提高化肥利用率，减轻化肥超量施用对水体、土壤和农产品的污染。

（3）人工湿地建设。人工湿地不仅能提高该片区的洪水调蓄能力，更能通过湿地的净化作用提升水质，为下游饮用水源提供有效保障。通过湿地的建设，与周边城镇基础设施建设相协调，打造具有地方特色的乡村美景，形成和谐优美的水环境，能提高周边居民生活品质，带来较大的经济社会效益。

1）治理措施。白马桥人工生态湿地试验示范工程为表面流湿地，利用湿地自然生态系统中的物理、化学、生物的多重作用，通过植物修复、植物降解、植物吸收、过滤、截留、离子交换、微生物分解等，实现对污水的有效净化。湿地主要分为两部分：1号湿地，同心河污水经人工表面流湿地，通过出水涵最终流入麻林河；2号湿地，上游麻林河河水经人工表面流湿地，通过白马桥人工生态湖最终流入麻林河。景观湖泊区属于河湖结合型，经沉淀过滤后的河水最终通过出水口流入下游河道。

人工湿地污水处理系统植物的选用原则为：具有良好的生态适应能力和生态营建功能；具有很强的生命力和旺盛的生长势（包括抗冻、抗热能力，抗病虫害能力，周围环境的适应能力）；具有较强的耐污染能力；植物的年生长期长，最好是冬季半枯萎或常绿植物；不会对当地的生态环境构成隐患或威胁，具有生态安全性；具有一定的经济效益、文化价值、景观效益和综合利用价值。

2）人工湿地工艺流程。人工湿地是近年来迅速发展的生物-生态治污技术，可处理多种废水，目前该技术已经成为提高大型水体水质的有效方法。人工湿地的原理是利用自然生态系统中物理、化学和生物的三重共同作用来实现对污水的净化。这种湿地系统是在一定长宽比及底面有坡度的洼地中，由土壤和填料（如卵石等）混合组成填料床，污染水可以在床体的填料缝隙中曲折地流动，或在床体表面流动。在床体的表面种植具有处理性能好、成活率高的水生植物（如芦苇等），形成一个独特的动植物生态环境，对污染水进行处理。

人工湿地系统净化污水的效果良好。对污水中污染物的去除作用包括基质的吸附、过滤、氨的挥发、植物的吸收及湿地中微生物作用下的硝化和反硝化作用。白马桥湿地处理工艺处理流程：麻林河→拦污栅节制闸→人工表面流湿地→出口溢流堰→白马桥人工湿地→麻林河。

3）管理维护。生态湿地建设属于社会公益性建设项目，建成后运行管理尤为重要。湿地的运行管理主体为湿地所在乡镇，成立物业管理公司，以物业管理的方式进行管理，各个乡镇水务管理站应加强监督及管理工作，务必做到“落实到岗，责任到人”。湿地日常运行期管理主要包括设施管理、田间管理、水质监控、枯水期与洪水期管理及建立湿地工程数据库5个方面。

a. 设施管理。人工湿地投入使用时，需要预防人为损毁以及生活垃圾杂物倾倒，影响人工湿地植物生长且有碍观感。各乡镇水管站是执行湿地管护的具体单位，负责辖区内湿地安全运行管理；负责穿堤涵管、水机设备、控制闸、节制闸等设施设备的日常运行管理维护；负责抢险备用砂石料的储备，保证汛期抢险车辆及交通畅顺；负责岸边陆地及水面垃圾清捡与环境保洁。

b. 田间管理。由项目所在地水管站严格按照运行维护手册进行后期维护和管理，确保湿地正常运行。人工湿地污水处理系统的启动一般要经历几个阶段，即系统调试、植物栽种、根系发展不稳定阶段，以及植物生长成熟、处理效果良好的稳定成熟阶段。一般建成初期，需要将湿地填料浸水，按设计流量运行到3个月后，可将水位降低到填料表层下15厘米，以促进植物根系向深部发展。待根系生长成熟，深入到床底后，将水位调节至填料层下5厘米处开始正常运行。进入稳定成熟阶段后，系统处于动态平衡，植物的生长仅随季节发生周期性变化，而年际间则处于相对稳定的状态，此时系统的处理效果充分发挥，运行稳定。

c. 水质监控。水质监控由水资源服务中心进行检测。人工湿地可以对生活污水中的多种污染物具有降解作用，对人工湿地系统的进水和出水水质需要做到有序有效的管理。湿地进水口和出水口处各设置水质、水位监测点。水质监测要求监视和测定水体中污染物的种类、各类污染物的浓度及变化趋势，评价水质状况。主要监测反映水质状况的综合指标，如温度、色度、浊度、pH 值、悬浮物、化学需氧量和生化需氧量等。为客观地评价湿地水质的状况，除上述监测项目外，还需进行流速和流量的测定。在湿地中部设置流速仪一处，进口涵处设置流量仪。

d. 枯水期与洪水期管理。枯水期时，确定拦河闸关闭，保证湿地内能留有一定水深，维持植物的正常生长；洪水期时闸门开闸泄洪，湿地进水口处节制闸关闭，防止洪水冲刷，破坏植株。

e. 建立湿地工程数据库。随着将人工湿地用于污水处理的实例越来越多，但由于各地的气候条件、污水类型和负荷、湿地规模和构造均有很大的不同，使得人工湿地工程在建设和运行维护的过程中没有统一的设计和运行参数，让经验主导了实践。结合本规划范围内的湿地建设，可建立一套完整的人工湿地污水处理档案数据库，为后期将要建设的湿地提供合理的参数，减少重复劳动，优化资源配置，改良传统的湿地设计方法，降低建设低效湿地的风险。

4. 修建生态景观工程

依据捞刀河河道自身的区位特点、环境现状及相关规划分析，生态修复工程的总体呈现“一核、两岸、四区”的布局，即以“生态修复”为核心，通过河流两岸生态修复工程的建设，形成“田园生态走廊、乡镇湿地风貌、自然生态保护、生态退化恢复”4 个功能区。

（1）田园生态走廊区。本区段以农田生态系统为主，倡导市民亲近自然，体验田园风光的生态河道。该区农田用地占主要绿化部分，以大面积油菜花田与水稻田最为突出。区内沿河现状植被类型单一，以野生植物居多，应对原有河道景观进行适当的修复改造，在主要河段补种一些具有一定观赏性的具有乡村特色的植物，如枫杨、苦楝、泡桐、构树等。可建议当地政府采取适当宣传、开发手段，让市民们在忙碌生活中去郊野赏花游玩，亲近原生态的大自然，在形成生态良好、环境宜人的乡村景观的同时，产生一定的旅游经济效益。

（2）乡镇湿地风貌区。本区主要突出乡镇湿地型河流，提升区域影响力。现状局部段沿岸有部分休闲空间，但存在功能单一，缺少人与水的参与性；岸坡裸露或杂草丛生，绿化单调，缺少科学性与艺术性。

本区以节点打造多彩的滨水景观和人工湿地为设计重点。设计将沿河堤顶进行整治连通，设置亲水木栈道和景观停驻点，加强人与水的参与性与娱乐性，完善游憩空间的塑造；有选择性地设计大范围湿地，以增强河道的绿量与净化能力，湿地植物主要选用长沙地区生长良好且净化水质能力强及观赏性高的乡土水生植物，亲水植物可选用茭白、风车草、芦荻、再力花、美人蕉等，河道中两侧种植水杉与池杉群落，作水生植物的大背景，更增添季相景观魅力；中层空间选用具有一定耐水湿功能的观花或观叶植物为主的乔灌木，如垂柳、泡桐、伞房决明、碧桃、栀子等，形成生态性与艺术性兼具的湿地景观，成为村民及游客的游憩乐园。

（3）自然生态保护区。本区意在突出自然生态机理，保护河流生境空间。河道沿岸自然植被现状覆盖总体良好，小部分河段岸坡裸露，河水水质较差，部分河段河道垃圾堆积造成於堵。可用狗牙根及马蹄金覆绿岸坡，在河道局部重点段种植品性强健、净化水质能力强的水生植物构成生态斑块，如芦荻、茭白等，同时，对河道进行有效的人工清淤，并增强居民爱护河道环境的意识。

（4）生态退化恢复区。本区以恢复河流生态体系及河流自净能力为主。沿河两岸以农田及居民区为主，存在挡墙裸露、河水污染严重、植被类型单一、绿化率低等问题。岸坡以狗牙根及马蹄金覆绿，挡墙处配置迎春花、扶芳藤等蔓生植物，软化硬质景观。在沿岸重点河段种植景观树种，以将河道景观与周边环境和谐融为一体，在局部河段种植茭白、美人蕉、黄花鸢尾等水生植物种类。通过河岸生物保护和修复，提高河道生态功能，形成健康、可持续的生态系统，以及生物多样性的河流生态廊道。

经过生态修复和致力建设环境优美的河道工程，构建优美、低碳的生态保护体系。通过相关设施的完善，引导人群融入自然、亲近自然。

农村河道生态修复工程的开展与实施，是提升乡镇环境品质、优化生态环境、建设幸福新农村与和谐社会的需要。

三、改革成效

（一）经济效益

（1）捞刀河流域经过生态治理后，河道的防洪、灌溉、排涝减灾作用得到加强，为粮食增产和农民增收提供有力保障。捞刀河治理后效果如图3-5所示。

图3-5　长沙县捞刀河治理效果图

（2）湿地具有自然观光、旅游、娱乐等美学方面的功能，蕴涵着丰富秀丽的自然风光，是人们观光旅游的好地方。人工湿地可利用荒废的山沟地、低洼地改造而成，在合理地开发利用土地的同时，给环境增加了绿色，为野生动物增加了栖息场所，从而提高了区域景观价值，促进了旅游产业发展。

（3）通过河道生态修复、保护和滨河景观工程的实施，涵养水源，保障河流健康的生态系统，有效改善人居环境和自然环境，彰显地域文化，提升区域环境空间品质和区域影响力，促进土地升值。

（二）社会效益

（1）农村河道整治实施后，河道河势得以稳定，河道泥沙淤积和水情恶化得以防止或延缓，提高了河流防洪排涝能力。据《长沙县水利局政府信息公开目录（2008版）》可知，1990—2000年的11年内共发生水灾5次，平均每隔2年就发生一次，而且1995年、1998年在一年内均发生了 2 次。根据 1998 年以来主要洪涝灾害损失的统计数据计算，洪涝灾害损失占当年 GDP 的比例（称为洪涝灾害损失率）的多年平均值为 1.92%。同时随着长沙县国民经济快速发展，洪涝灾害的损失也将急剧上升，如 1998 年暴雨造成直接经济总损失 16 亿元，占当年 GDP 的 6% 以上。经综合整治后，大部分河段堤防防洪标准为防御 10 年一遇的洪水，排涝标准为 10 年一遇的暴雨排至地面无积水。根据历史洪灾统计，捞刀河上游段防洪整治工程范围内不同频率洪水淹没实物指标和洪灾损失率，采用频率法进行计算，经估算，项目的多年平均防洪效益为 180.46 万元，经济增长率按 3% 考虑。2017 年的特大洪水灾害中，更是对保护果园、安沙、青山铺镇两岸居民生命及财产安全发挥了至关重要的作用。

（2）经过河道综合整治和湿地建设，形成“水清、岸绿、景美”的城市景观河道风光带、集镇生态风光带和农村自然风光带，可以在处理污水的同时给居民提供休闲环境，居民可在湿地公园体验到绿坡柳岸、霞飞鹭栖的湿地原生态风情。河道综合整治有效提升了集镇品位，提供了居民的休闲去处，充分活跃了居民文化生活氛围。

（三）生态环境效益

（1）改革项目实施后，改善了捞刀河流域水质，维护流域内生物多样性和完整性，促进水生态环境良性循环，白马桥人工生态湿地建成后，于 2015 年 7 月 20 日开始定期对进水、出水进行水质抽检，建立水质变化数据档案。从检测数据分析，耗氧量降低 10%～35%，氨氮去除率 30%～75%，降低耗氧量和去除氨氮效果较为明显。

（2）通过设置封禁、责任标牌，加强林草植被保护，防止人为破坏，间接地增加林草植被覆盖，涵养水分和保持水土，同时也提高了村民的环保意识。

（3）从全局着手，对流域经济社会建设和生态环境保护进行整体规划，提高了水资源的利用率，减轻了流域下游的防洪压力，减少土壤水分蒸发和养分的流失；改善了气候，美化了环境，为野生动植物提供了有利的生存、繁殖环境；生态环境明显改善，基本实现山川秀美、景色宜人，实现生态环境资源的可持续利用。

四、改革经验

（一）坚持综合治理，点、线、面相结合

既注重小流域、局部地区治理，又注重大工程、大范围建设；既注重工程措施，又注重生物措施；既注重河道本身治理，又注重沿河产业提升；既注重生态景观建设，又注重提升经济增长点，形成全县河道治理整体效应，助推县域经济社会又好又快发展。具体建设目标包括防洪排涝工程、水质改善工程及生态景观工程。

（二）坚持治水与新农村建设相结合

结合新农村建设，突出生态建设理念，注重“人水和谐”，做到植物措施与工程措施的有机结合，河道治理与村镇规划的路、园尽量结合，形成良好的堤、路、园江滨景观，将河道两岸“绿道-水廊道”贯穿为一体，使建设区域变成“一镇一景、一村一景、绿地护岸”的水景观格局。借助流域较为完好的山水地貌，将历史悠久的文化、崇尚教育的优良传统、深厚的艺术底蕴、现代化的体育文化等融入潺潺的河流脉络之中，使河流成为传承和彰显地域文化、承载县域经济发展的载体。

（三）坚持人与自然和谐发展

河道综合治理，一方面要保护河流现有多样性生态环境，改善河流生态系统状况，使之具有健康性和可持续性；另一方面，要坚持以人为本，挖掘水乡特点，开发自然景观潜力，点缀人工文化小品，发展亲水环境，提高居住品位，使河流成为连接人与自然的纽带。

（四）坚持因地制宜，节约土地资源

人工湿地有多种类型，不同水流方式的人工湿地具有各自结构特点，在建设选址过程中要坚持因地制宜，以使人工湿地更好地发挥作用。比如河滩型湿地主要是利用现状小河道结合两岸较低洼的滩地或农田，共同构建成湿地区域，相较于其他类型的湿地，有以下几个优势：其一，不会占用太多的基本农田耕地或林地；其二，无需用水闸引水，投资更小；其三，土方堆方对场地要求高，而河滩提供了天然的用地条件；其四，建造在河滩上，在汛期到来时不用泄洪。

五、改革瓶颈及对策

（一）用地障碍

河道生态综合治理和湿地建设都需要占用较多的土地，虽然尽可能减少占用农田，但由于长沙县的土地不是十分充足，有些河滩地仍然是农民的口粮田，河滩型湿地的建设也需要占用农地，建议采用土地流转的方式对农民进行补偿。

（二）管护难度较大

无论是河道综合治理还是湿地建设，后期管护需要投入较多的人力物力，比如，淤积未能及时清理造成河道重新堵塞，枯死的植物没有及时打捞，造成再次污染，因此需完善长效管护机制，进一步落实管护责任。

（三）缺乏技术支持

生态环境治理是一项系统工程，需要大量的专业知识，比如人工湿地中水生植物的选取，不仅考虑水质的差别，不同季节水量的变化，植物的生长周期等因素，还需要考虑外来水生植物对原有生态环境的影响，但在农村和基层水务部门严重缺乏相关技术力量，建议组织专门技术人员，提供技术支持。

附件：长沙县捞刀河流域生态治理制度清单

1.《长沙市捞刀河水体达标实施方案（2017—2019年）》

2.《2017年度捞刀河水环境综合整治实施方案》

3.《长沙县中小河流治理规划》

4.《长沙县财政性投资水务工程遴选办法（试行）》

实施堤防规范化管养
加强水生态文明建设

——华容县加强堤防管理与养护

【操作规程】

加快推进水生态文明建设，从源头上扭转水生态环境恶化趋势，是在更深层次、更广范围、更高水平上推动民生水利新发展的重要任务。堤防管理逐步规范化和常态化主要是堤身整洁，堤坡益草覆盖率较高，堤面坑洼及时修补，配套设施基本齐全，防汛道路畅通，使得水生态文明理念深入人心。

一、工作步骤

（一）明确问题，有的放矢

（1）针对问题搞谋划，可以采取“专家会诊”的方式，由当地政府牵头，组织水利、财政、国土、环保等部门和乡镇成立专题调研组，拿出治理方案，并报上一级政府常务会议审定。

（2）由本级政府行文下发相关堤防管理工作实施方案，为本地市堤防管理工作指明方向和目标，统一规范管理模式，通过明确目标任务并结合自身实际，进行绩效考核。

（二）强化领导，日常管护

（1）领导高度重视，明确分管当局领导牵头，水利局具体负责，各乡镇配合，将堤防管理工作作为年度重要工作任务来抓。

（2）市县成立堤防管理所进行专业管养，各乡镇也相应成立由分管水利的副乡镇长挂帅的堤防管理工作领导小组，确保堤防管理工作有专门的分管领导、专门的管理机构、专业的管理队伍和专项的管理经费。

（三）健全制度，配套施政

采取层层签订责任状的形式，并根据省市有关规定，结合当地实际情况以及多年来管理经验，有针对性地制定堤防管理日常管护制度、分段包干负责制度、奖惩制度、劳动报酬制度等，以保证堤防管理工作的顺利开展。

（四）绩效工程，强力推进

1. 大力开展宣传

借鉴先进经验寻找自身差距；多形式进行宣传，如张贴通告、发放告居民书、利用水法宣传周活动开展以堤防管理为重点的水法律法规宣传，大大提高干部群众爱堤护堤意识；开展联合执法。

2. 落实工程措施

在全县域范围内一线防洪大堤上建控行卡，对堤坡、堤脚栽种作物，对堤身的杂树及高秆杂草进行集中清除，以及对堤顶防汛通道进行集中整修。

3. 加大督查力度，严格跟踪管理

召开堤防管理工作督战会，对各乡镇堤防管理开展不定期巡查，督查落实堤防管理分段包干责任制，实行分片负责，常年不定期开展督查检查。各乡镇除设立专门的堤防管理领导小组外，还可以聘请一支专业的堤防管理队伍，并签订分片包干劳动合同，对专业队伍实行跟踪管理，确保堤防管护不留死角。

4. 积极筹资筹劳

一方面针对堤面损毁严重的现状积极引导乡镇筹资养护堤顶路面，另一方面积极引导群众投劳。

5. 严格奖惩制度

参照省厅相关评分标准，制定当地堤防规范化管理考评考核细则，每次巡查都对各乡镇工作情况进行认真考核评分，进行现场交叉打分；每次评分依次排名，作为年度奖评依据；政府除上级拨付以奖代补资金外，每年另外拿出一定奖励资金，对年度综合排名靠前的依等次实行现金奖励。

二、工作流程图

华容县堤防规范化管护流程如图 3－6 所示。

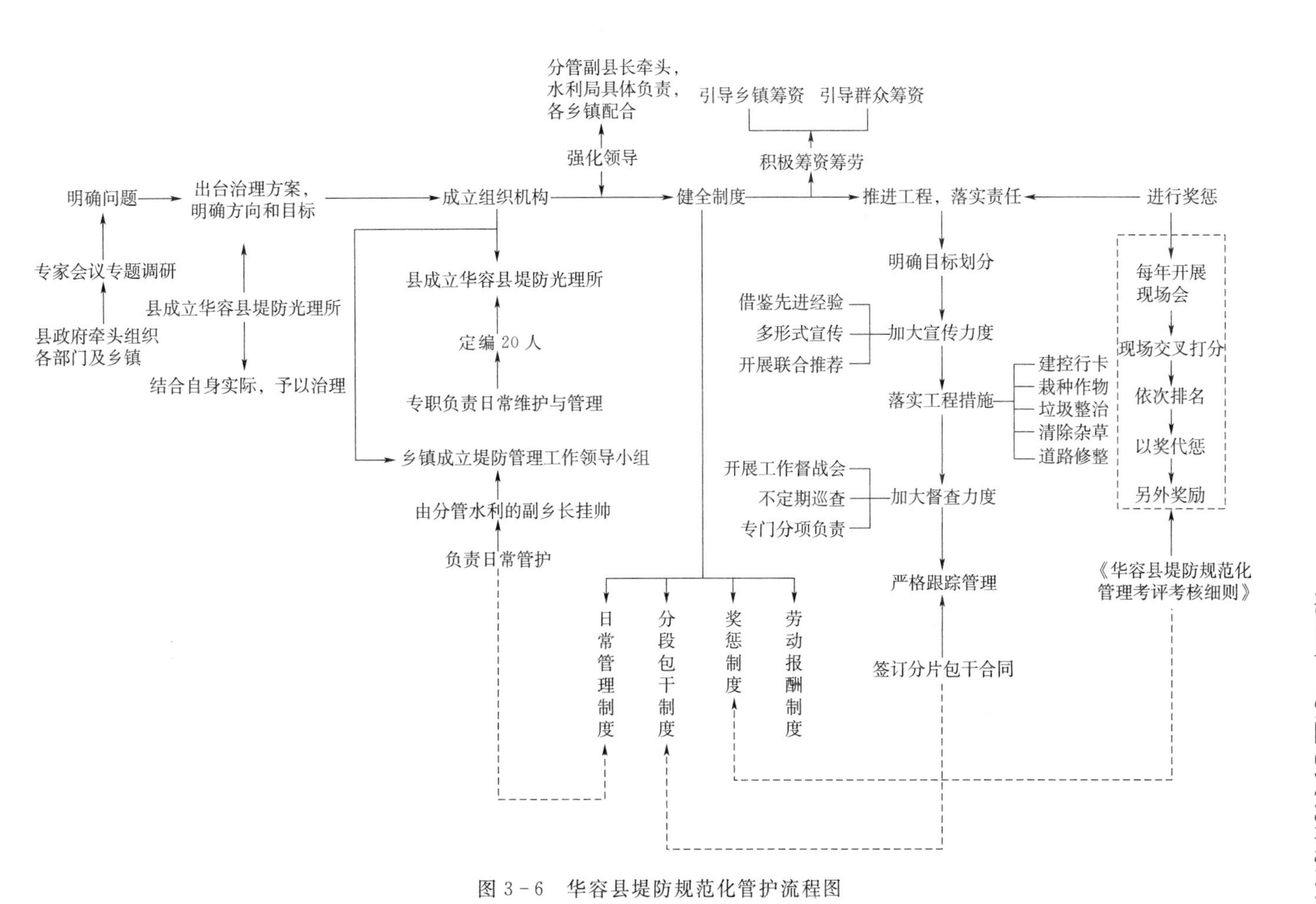

图3-6　华容县堤防规范化管护流程图

【典型案例】

建设生态文明是中华民族永续发展的千年大计。党的十九大报告将“坚持人与自然和谐共生”作为新时代坚持和发展中国特色社会主义的基本方略之一，将生态建设提升到新的高度，为未来中国的生态文明建设和绿色发展指明了方向，规划了路线。水作为生态系统的重要控制要素，是生态建设的重要内容。站在中国发展新的历史起点上，积极践行人与自然和谐共生理念，不断强化水生态文明建设，必将成为今后水利工作的重中之重。

堤防工程是防洪的屏障，堤防的安全与否直接关系保护区内的千百万人民生命财产安全和经济建设，同时也是水生态文明建设的重要保障。《中华人民共和国水法》《中华人民共和国防洪法》《中华人民共和国河道管理条例》以及一些地方性水法规对堤防的管理与保护都做了相应的规定。堤防管理不仅对工程建设有所要求，而且堤防日常监管以及堤身的管理和养护也是一项很重要的任务。近几年来，华容县根据省、市的部署，把堤防管理工作作为责任工程、绩效工程、亮点工程，堤防规范化管理达标建设取得了一定成效。

一、改革的主要背景

（一）华容县水利概况

华容县位于湖南省北部边陲，岳阳市西境，地处湘北，北倚长江，南滨洞庭湖，东与岳阳市君山区交界，西与益阳市南县相邻。县境东西最大横距 68 公里，南北最大纵距 80 公里；集雨面积 1612 平方公里，占全省面积的 0.76%。华容县平原 1028 平方公里，占县境的 56%；低山丘岗区 328.2 平方公里，占 17.8%；水面 255 平方公里，占 26.2%。

华容县地属北亚热带，为湿润性大陆季风气候。具有“气候温和，四季分明，热量充足，雨水集中；春温多变，夏秋多旱，严寒期短，暑热期长”的特点。境内湖泊星布，河流网织，水系发达。有内湖 21 个，蓄水面积 74.5 平方公里，调蓄水量 12154 万立方米，内河 8 条，长 95.1 公里，蓄水量 3857 万立方米。华容河穿境而过，是洞庭湖区的防汛大县。

全县共有万亩以上堤垸11个，其中重点垸2个（护城垸、永固垸），蓄洪垸7个（新华垸、新太垸、集成安合垸、新生垸、隆西垸、团山新洲垸、团洲垸），一般垸2个（人民垸、民生垸），防洪大堤454公里，其中一线防洪大堤325公里，占全省的1/10、岳阳市的1/3，其中长江干堤32.7公里，重点垸堤防104.55公里，蓄洪垸堤防168.75公里，一般垸（不包括民生垸）17公里。另有重点间堤130.9公里，临湖渍堤138.5公里。

水利为农业命脉，目前全县共有各类规模以上水库59座，其中中型水库2座，小（1）型水库6座，小（2）型水库51座，山塘港垱6208处，总蓄水量6873万立方米。长江水系藕池河、华容河穿境而过，加上每年平均降雨量1214毫米，总产水量21.3亿立方米，减去蒸发量6.3亿立方米，水资源总量为15亿立方米，其中地表水为11.4亿立方米，地下水为3.6亿立方米，是名副其实的“水乡”。但水资源可利用率较低，往年水土保持工作不到位，围湖造田不断升级，内湖、沟渠、淤塞严重，水库、山塘、港垱均为1950—1960年间建造，调蓄面积日益缩小，全县总蓄水量仅达6722万立方米，人均不足100立方米，其中若扣除环境污染和血吸虫感染水域面积，人均可利用率更小。

全县共有堤防管理单位15个，管理人员348人，为了进一步加强防洪大堤的管护工作，自2015年7月16日起，华容县成立了堤防管理所，这是洞庭湖区第一个县级堤防管理机构。近两年来，华容县根据省、市的部署，把堤防管理工作作为责任工程、绩效工程、亮点工程，努力实施堤防规范化管理达标建设，取得了一定成效。

（二）华容县堤防管理上存在的问题

华容县根据有关规定和实际情况，对堤防工程管理范围及保护范围做出了明确规定，进一步明确了全县堤防管理的目的、标准以及程序，但堤防管理现状仍达不到合格标准，在堤防管理上主要存在以下问题。

1. 权属不明

根据《湖南省〈中华人民共和国水法〉实施方案》《湖南省实施〈中华人民共和国防洪法〉办法》《湖南省实施〈中华人民共和国河道管理条例〉办法》《湖南省洞庭湖区水利管理条例》和《水利工程管理考核办法》等有关法律、法规和规定，华容县对堤防工程管理范围和保护范围做出了明确规定，但在实际管理中，由于确权划界工作不到位，绝大部分堤脚平台外的护堤地、防浪林区等堤防管理区域或保护范围区域土地权属均不属水利部门，无法对该区域进行有效的管理与保护。

2. 制度不全

华容县水管体制改革后，全县堤防管理职能划归各乡（镇）人民政府，经调查，全县20个乡镇均没有建立健全的堤防管理制度。由于没有相应的管护员制度、包干负责制度、奖惩制度等约束，堤防工程的日常维护与日常管理均无法到位，仅在每年主汛期来临时集中力量对堤顶通道及堤坡进行了基本维护，无法做到堤防工程的管护常态化，管护效果不理想。

3. 经费不足

华容县水管体制改革后，乡镇水利管理服务站人员基本工资及排涝电费划入中央转移支付范围，但堤防工程及其附属设施的维修养护费用没有落实，无力对堤防工程进行日常管理与维护。

4. 执法不严

调查过程中发现，除因历史原因形成的堤防防浪林区、堤防保护范围内存在的乱占乱种、乱建乱挖等现象执法困难外，在堤防管理范围内的内外禁脚及堤坡上也存在严重的栽种作物、倾倒垃圾、私设砂石场、私上堤坡道、私开砖瓦场、超承载非防汛车辆肆意通行等违法行为，严重破坏了堤防主体，危及大堤安全。加之乡镇水管站在执法过程中由于种种原因，存在执法不严或无法执法的情况，造成上述违法现象屡禁不止且日益发展，堤防工程破坏现象日驱严重，堤防管理难度日渐加大。

鉴于以上情况，为确保堤垸工程安全，堤防管护到位，采取相应措施对全县堤防管理进行规范化、法制化是必要的。

二、改革的主要举措

近年来华容县一线防洪大堤、重点间堤及临湖渍堤出现乱栽乱种、乱建乱挖、私设砖厂以及超承载非防汛车辆肆意通行等违法现象，已严重影响到堤防安全、道路通畅和水利工程效益的发挥，影响着全县防洪保安、蓄水抗旱。参照洞庭湖水利工程管理局下发的《湖南省洞庭湖区堤防规范化管理评分标准》，华容县各级党委政府要高度重视此项工作。主要采取以下举措。

（一）把堤防管理作为责任工程，重点谋划

1. 针对问题搞谋划

1999年以来，由于华容县实施乡镇水管体制改革，堤防管理以乡镇为单位，管理权隶属于乡镇，管理单位为各乡镇水利管理服务站。由于没有统一规范的管理模式，导致各乡镇均没有实行堤防管理分段包干制，也没有明确具体管护人员，出现各项管理制度不全，管理经费不足，管理执法不严等问题。针对这些问题，采取“专家会诊”的方式，于2015年3月由县政府牵头，组织水利、财政、国土、环保等部门和乡镇成立专题调研组，拿出治理方案，并上报县政府常务会议审定，由县政府行文下发《华容县堤防管理工作实施方案》，为全县的堤防管理工作指明了方向和目标。

2. 强化领导搞谋划

县委县政府高度重视堤防管理工作，在每年的全县农村工作会议及全县半年度工作奖评会议上多次重申堤防管理工作的重要性，并提出了相关要求。同时明确分管副县长牵头，水利局具体负责，各乡镇配合，将堤防管理工作作为年度重要工作任务来抓。2015年8月经县水利局申报，县编委批准成立了“华容县堤防管理所”，性质为全额拨款的纯公益性事业单位，定编20人，专职负责华容县长江干堤、县内河堤及湖堤等一线防洪大堤的日常维护和日常管理工作，各乡镇也相应成立了由分管水利的副乡镇长挂帅的堤防管理工作领导小组，确保了堤防管理工作有专门的分管领导、专门的管理机构、专业的管理队伍和专项的管理经费。

3. 健全制度搞谋划

堤防管理是一项长期、常态性的工作，必须要抓好制度建设，为此，华容县采取层层签订责任状的方式并根据省市有关规定，结合县实际情况以及多年来的管理经验，有针对性地制定了堤防管理日常管护制度、分段包干负责制度、奖惩制度、劳动报酬制度等，保证了堤防管理工作的顺利开展。

（二）把堤防管理工作作为绩效工程，强力推进

省、市对堤防管理工作高度重视，制定了长期性的以奖代补政策，并建立了较为严格的评分标准与等级评定制度。华容县委县政府积极响应，将堤防管理作为一项绩效工程，从多个方面给予强力推进。

1. 明确目标任务

结合华容县自身实际，拟订了争取在三年内将全县堤防管理标准达到B级的建设管理目标，并将其列入了乡镇和有关部门的绩效考核。

2. 加大宣传力度

（1）借鉴先进经验寻找自身差距。2015年4月底，组织各乡镇长及各乡镇水管站站长等50多人对全县一线防洪大堤的维护、管理进行现场察看、现场讲评、现场学习借鉴经验、现场寻找差距，做到了心中有数。同时，组织参观了湖北石首市调关段长江干堤，并现场学习了长江河道管理局石首分局长江干堤管理的成功经验。

（2）多形式进行宣传。通过在各村场显要位置张贴《华容县人民政府关于加强防洪大堤保护管理的通告》，对沿堤居民发放《关于堤防管理的告居民书》，各村场广播宣传等方式将堤防管理的要求及主要任务宣传到村到户，避免了具体工程实施时产生不必要的纠纷与社会矛盾。县水政监察大队在每年3月利用水法宣传周活动租用宣传车沿全县一线防洪大堤开展以堤防管理为重点的水法律法规宣传，大大提高了干部群众爱堤护堤意识。

（3）开展联合执法。针对长江干堤及部分一线防洪大堤沿堤堆放沙石等造成码头杂、乱现象，县水利部门先后多次组织公安、国土、环保、水利等多部门联合执法召开沿堤各码头业主协调会，向他们解读上级政策，争取了各码头业主的支持与理解。堤防规范化管理实施两年来，周边居民非常配合各项工程实施，没有发生一起纠纷。

3. 落实工程措施

（1）除几处在建蓄洪安全区的堤垸外，全县一线防洪大堤上共建控行卡84处，杜绝了超载车辆在堤顶通行。

（2）对堤坡、堤脚栽种作物，倾倒垃圾等现场进行集中整治，共清

除堤坡及堤脚违规栽种的作物108亩、垃圾堆物37处。

（3）对堤身的杂树及高秆杂草进行集中清除，确保了堤面干净整洁。

（4）对堤顶防汛通道进行了集中整修，确保路面无坑洼，堤顶防汛车辆正常通行，特别是县政府筹措资金两年共计1600多万元，对破坏较严重的长江干堤段进行重点整修，于2016年9月底完成全线32.7公里的堤顶道路修复工作及对长江干堤桩号0＋000～8＋000段堤面堤肩进行整修及坡面益草种植，使该堤段堤貌堤容焕然一新。截至2016年12月底，全县一线防洪大堤混凝土硬化达139.83公里。

4. 加大督查力度

（1）召开堤防管理工作督战会。近两年来，县水利局多次组织各乡镇水管站站长进行现场督战，通过对比察看现场，听取经验介绍等方式，对堤防管理工作进行现场交流，发现问题及时整改。

（2）对各乡镇堤防管理开展不定期巡查，督查落实堤防管理分段包干责任制，坚持做到每月一次巡查，一个季度一次评比，并将评比情况及时下发通报，将考评结果纳入年度工作奖评内容。

（3）县堤防管理所安排专人，将县内长江干堤、藕池河堤、华容河堤、洞庭湖堤实行分片负责，常年不定期开展督查检查。

5. 严格跟踪管理

各乡镇除设立专门的堤防管理领导小组外，还聘请了一支专业的堤防管理队伍，并签订了分片包干劳动合同。对专业队伍实行跟踪管理：所有管护人员必须佩戴由县水政监察大队统一发放的水政监察协管员胸牌持证上堤管护，且明确他们的工作职责与范围；所有管护员都留存固定电话，县水利局随时电话联系查询大堤管养情况，做到管护人员常年巡护在各包干责任段，确保堤防管护不留死角。

6. 积极筹资投劳

一方面，针对堤面损毁严重现状，积极引导乡镇筹资养护堤顶路面，近两年，各乡镇已累计投入自筹资金400多万元，确保堤顶道路通行畅通。另一方面，积极引导群众投劳，每年结合防汛工作，以防汛抗旱指挥部名义下发指令，于汛前、汛中组织群众对一线防洪大堤集中清除堤身杂草及高秆杂树。两年来，全县共投入劳力8000多人次，投入割草机械设备120多台，由原来的杂草丛生改变为现在基本无高秆杂草、树木良好的状态。

7. 严格奖惩制度

参照省厅相关评分标准，制定了《华容县堤防规范化管理考评考核细则》，每次巡查都对各乡镇工作情况进行认真考核评分。每年集中三次组织各乡镇水管站站长开展堤防管理流动现场会，进行现场交叉打分，每次评分依次排名，作为年度奖评依据。对工作完成较好且排名前五的乡镇提高5%～20%的以奖代补资金发放标准，对工作较差且排名末尾后三名的乡镇降低5%～15%的以奖代补资金发放标准。县政府除上级拨付以奖代补资金外，每年另外拿出20万元奖励资金，对年度综合排名前11的依等次实行现金奖励，末尾3名的不奖不罚。堤防管理具体考核范围见表3-2。

表3-2　堤防管理具体考核范围表

序号	考核内容
1	堤顶路面平整，畅通，无坑洼，无渍水，无明显的波状起伏，降雨后无积水，满足防汛车辆通行要求
2	堤防管理范围内干净整洁，堤身、平台无垃圾，无高秆杂草、无作物种植
3	堤身、平台严禁大面积药杀除草，提倡手拔除杂草与机械割草，要求杂草清除率达到80%以上，益草覆盖率达到60%以上
4	堤身断面、堤肩、堤坡、内外平台保持验收标准，护坡工程完整、无塌陷；堤身无裂缝、冲沟
5	穿堤建筑物无破损现象，堤身与建筑物连接可靠，结合部无隐患、无裂缝
6	标志、标牌及砂石围墙整洁，无破损
7	堤防管理范围内划界清晰，界桩齐全
8	堤顶拦卡设置按指定位置，按设计要求建设
9	堤防保护范围内安全管理达标
10	堤防管理范围内设障数量、位置等情况清楚，无新设障现象，无新增违章建筑
11	健全堤防管理分段包干责任制度及相关日常管理和维护制度

（三）发放堤防管养资金

2016年堤防管养资金发放严格按照《华容县2016年度堤防规范化管理实施方案》相关制度落实执行，做到了公开、公正、透明，具体见表3-3。

表 3-3　　2016 年堤防维护资金分配表

序号	乡　镇	长度/km	应拨金额/元	已拨金额/元	备注
1	三封寺镇水利管理服务站	8.71	43550	43550	
2	万庾镇水利管理服务站	27.01	135050	135050	
3	章华镇水利管理服务站	23.8	119000	119000	
4	鲇鱼须镇水利管理服务站	20	100000	100000	
5	新河乡水利管理服务站	7.6	38000	38000	
6	梅田湖镇水利管理服务站	45.03	225150	213892	-5%
7	插旗镇水利管理服务站	9.1	45500	45500	
8	注滋口镇水利管理服务站	32.26	161300	169365	+5%
9	团洲乡水利管理服务站	20.8	104000	109200	+5%
10	治河渡镇水利管理服务站	33.92	169600	169600	
11	北景港镇水利管理服务站	17.3	86500	90825	
12	禹山镇水利管理服务站	15.9	79500	79500	
13	操军镇水利管理服务站	31	155000	147250	-5%
14	华容县长江护岸工程管理所	32.72	229040	229040	0.7/km
15	长江干堤堤面整形支出			152000	
16	拦卡建设及维修支出		14800×12 处	177600	
总　计				2019372	

(四) 把堤防管理作为亮点工程，务求实效

搞好堤防管理工作既是水利部门的本职工作，更是向外展示华容形象的一张名片，在堤防规范化管理实施近两年来，华容县堤防外观焕然一新、亮点颇多。

(1) 因制度健全，全县堤防管理逐步形成了规范化管理和常态化管理。全县防洪大堤堤身基本上无高秆杂草、无违章建筑，堤面成形，特别是团洲垸、隆西垸、新洲垸、新太垸等一线防洪大堤借助围堤加固工程，堤面、堤坡均削坡整形，人工种植草皮，益草覆盖率达到 60%以上。新太垸整治后效果如图 3-7 所示。

(2) 堤面积水得到了及时沥干处理，坑洼得到了及时填平修补，多数堤垸碑、牌、卡等大堤配套设施基本齐全。全县防汛砂石围的建设与

图 3-7　华容县新太垸整治效果图

堆放非常规范整齐，防汛车辆能在大堤上畅通无阻。

（3）全县各类水事违法案件逐步减少，特别是群众爱堤护堤意识明显加强。为全面加强全县防洪固堤安保能力建设，县委县政府加大了全县水利病险隐患整治力度。为确保安全度汛，针对华容县堤防、涵闸、水库汛期反映出的问题，共投入资金 8874 万元，实施项目 95 个，重点对新华垸龙口复堤红旗闸重建、禹山镇莲花窖滑坡整治、东山镇大荆湖渍堤加固、团洲乡团南闸整险等工程项目全面整治。同时，县委县政府做出决定，今后在防洪保安工程建设方面，只要发现存在安全隐患，发现一处整治一处，决不因资金困难影响防洪工程病险隐患整治，县水利局积极争项争资，县财政尽全力支持。

三、改革的成效与经验

生态文明建设功在当代，利在千秋。华容县坚持人与自然和谐共生的理念，牢固树立和践行绿水青山就是金山银山的理念，大力推进水生态文明建设，推动形成人与自然和谐发展的现代化建设新格局，为建设富强民主文明和谐美丽的社会主义现代化强国做出水利人的努力，在加强堤防规范化管养的改革过程中累积了不少成效和经验。

（一）加强领导，明确组织机构

县委县政府对堤防管理高度重视，于 2015 年就成立了县堤防管理所，专门负责长江干堤、县内河堤及湖堤等一线防洪大堤的日常维护和日常管理工作，堤防管理所干部职工包乡镇包堤段。所有堤段又量化分解到人，做到任务清楚、责任明确，并与年度绩效工资挂钩考评。

各乡镇也都成立了以分管水利的乡镇负责人为组长，水管站站长为副组长，各工程管理员为成员的防洪大堤管养工作领导小组，并结合各自实际情况研究制定了一线防洪大堤堤防管养实施方案，做到了分工明确、职责分明、实行专职管理、理顺管理机制。各乡镇水管站向县水利局递交了堤防工程规范化管理责任状，确保了责任的再落实。

同时，县水利局利用水法宣传周，于3月22日至26日动用4台宣传车沿全县一线防洪大堤宣传堤防管理的重要性及有关法律法规。各乡镇通过“村村通”广播将堤防管理的要求与任务宣传到村到户，并在村场显眼位置张贴《华容县人民政府关于加强防洪大堤保护管理的通告》，避免了具体整改措施实施时产生不必要的纠纷与社会矛盾。

（二）健全制度，明确目标任务

1. 健全制度

各乡镇通过相互学习，取长补短，因地制宜，制定了相关堤防管理日常管护制度，分段包干负责制度、奖惩制度、劳动报酬制度等，确保堤防管理工作责任到人，做到常态化管理并形成长效激励机制。

2. 明确目标

省水利厅每年5月及10月对全省堤防规范化管理达标建设进行一次检查并评定等级，共分为A级（优）、B级（良）、C级（合格）、D级（不合格）四个等级，按《湖南省洞庭湖区堤防规范化管理评分标准》对应分值分别为85分及以上、70分及以上、60分及以上与60分以下。各乡镇参照县委、县政府的要求，结合自身实际情况，拟订了争取在三年内按省水利厅相关评分标准达到B级（良）的堤防规范化管理达标建设目标。

（三）结合实际，分步推进

结合华容县堤防管理实际情况，县堤防规范化管理达标建设工作实行分步走的方式进行推进，成效显著。

第一步，收集数据，建立数据库。收集全县一线防洪大堤323公里、重点间堤 130.9 公里、临湖渍堤 138.5 公里基本情况及所有穿堤建筑物基本情况，建立数据库，并上报市水务局数据中心。

第二步，设立机构，强化领导，完善机制，订立制度。按省水利厅相关要求，堤防规范化管理达标建设是一项长期性、常态性的工作，省洞庭湖区水利工程管理局已制定了长期性的以奖代补政策，并建立了较为严格的评分标准与等级评定制度。为确保全县堤防规范化管理达标建设工作顺利推进，设立相关领导机构，订立长效机制是必要的。

第三步，集中整顿，以点带面，循序推进堤防规范化管理。堤防规范化管理是一项长期的任务，根据目前全县堤防管理现状，华容县采用集中整顿，以点带面的方式循序推进，主要有以下两个方面。

（1）集中整顿非公路标准提段超标准载重车无序通行现象。一线防洪大堤汛期防汛车辆能正常通行是确保防洪大堤汛期安全的重要条件。目前全县非公路标准堤段超标准载重车无序通行现象特别严重，对堤顶通道破坏程度极大，严重影响汛期防汛车辆通行。特别是长江干堤段，堤外洲滩码头及堤内工矿企业所属重型载重车长期在堤顶通行，部分堤顶通道已破坏无法通行。因此，选取长江干堤作为本项集中整顿的重点优先推进，其他堤段延后并参照实施。经华容县水利局水政大队与长江干堤沿线各厂矿及码头业主对接，初步确定长江干堤共需设置堤顶拦塞 20 处。

（2）集中整顿堤坡栽种作物、倾倒垃圾现象。近年来，不仅在堤防保护范围内存在乱占乱种、乱建乱挖等现象，在一线防洪大堤堤防管理范围内的内外禁脚及堤坡上栽种作物、倾倒垃圾、私设砂石场、私开上堤坡道、私开砖瓦场等破坏大堤的现象也日益严重，甚至在堤脚挖掘深坑填埋垃圾，严重威胁大堤安全，且相关村场及农户不听劝告，屡禁不止。因此，考虑到历史原因形成的土地权属问题，优先选择权属无争议的堤坡及内外禁脚范围内栽种作物及倾倒垃圾现象进行集中整顿。

第四步，结合全省水利工程确权划界工作，明确管理权属。由于历史原因，目前华容县部分堤防工程管理范围与绝大部分堤防工程保护范围土地权属不明、责任不清，管理难度相当大。对此，堤防管理机构结合水利部《关于开展河湖及水利工程划界确权情况调查工作的通知》（办建管〔2014〕186号）文件及省水利厅《关于开展全省河湖及水利工程划界确权情况调查工作的通知》（湘水建管〔2015〕125号）文件的有关精神，按相关法律法规，推进全县堤防管理范围及保护范围的确权划界工作，明确范围，确定权属，理清责任，确保堤防及其附属工程发挥正常效益。

（四）强化督导，严格考评奖惩

（1）2016年3月下旬、5月上旬及9月中旬由县水利局牵头，先后3次组织各乡镇水管站站长及局直相关单位负责人对堤防管理工作进行现场考评，共发送通知4次、通报3期，现场通报情况1次。每次巡查考评都严格按照《华容县2016年度乡镇堤防规范化管理考核细则》，由各站长、所长交叉打分排名次，特别是4月中旬结合全县汛前检查发现的一些问题在防汛抗旱指挥部碰头会议上进行综合讲评，将每次巡查考评结果作为年度堤防管理经费拨付及年底评先评优依据。

（2）严格按照《华容县2016年度堤防工程规范化管理工作实施方案》下拨堤防管理以奖代补资金，现已落实了一、二季度的资金拨付。11月上旬通过考评考核后拨付第三季度的管理资金，剩余资金通过年度总评后实行奖惩兑现发放。

（3）认真执行堤防管理考核奖励办法，2015年年底，县水利局拿出20万元现金作为奖励基金，根据评比分类，第一名奖励现金3万元，第二名至第五名奖励现金2.5万元，第六名至第十二名奖励现金1万元，末尾两名不予奖励、实行黄牌警告。

（五）加大投入，及时维修管养

1. 加大劳动投入

坚持日常管理与突击管理相结合，在加强巡堤查险、清基除杂、堤身保洁、堤面平整等日常管理的同时，各乡镇于2016年3月初、4月中旬、5月上旬及9月上旬共投入劳动力2000多人次出动油锯、割草机、动力喷雾器等机械设备100多台，保持了良好的堤容堤貌。

2. 加大资金投入

各乡镇在县下拨堤防管理资金外，共计自筹资金达50多万元，用于抢修防汛通道，确保了全县防汛通道畅通。特别是长江干堤2015年由县财政投入资金600万元整修堤面外，2016年又投入630万元，将桩号27+700～32+724段长5公里多的堤防全部翻修达省级公路的标准。另外，堤防管理所自筹资金20万元，将桩号0+000～8+000段堤身渣土清除、堤面坑洼整形并重植草皮。由于管护科学，全县防洪大堤堤身基本上无高秆杂草，无违章建筑，堤面成形，特别是团洲、注滋口、万庾等乡镇的大堤借助围堤加固工程，堤面、堤坡均削坡整形，人工种植草皮，堤容、堤貌焕然一新。堤面积水得到了及时沥干处理，坑洼得到了及时填平修补，碑、牌、卡等大堤配套设施基本齐全，堆放的砂石规范，防汛车辆能在大堤上畅通无阻。

（六）联合执法，杜绝“三乱”现象

2015年来，由县水政监察大队牵头，联合相关执法部门进行执法，有力遏制了“乱建、乱栽、乱占”现象。2016年3月中旬长江干堤在县水政大队联合国土、交通及环保部门重点整治了五码口码头、天字一号码头乱堆乱放及星沙洲堤身栽种油菜等违规现象；4月上旬梅田湖镇水管站全体干部职工倾巢出动，对藕池河西堤河口北到近500米大堤堤身违规栽种油菜及植树进行集中整治，共清除了杨树1000多棵、油菜10多亩，彻底根治了乱栽、乱占堤身现象。同时，为全面推进堤防管理执法责任制，报请县水利局党委批准成立华容县水政监察大队堤防管理中队，开展堤防管理范围内的水事执法监督工作，有效保护了堤防规范化的管理。

四、需克服的问题和建议

尽管华容县在堤防管理工作上取得了一些成绩，但也还存在一些需要克服的问题，具体体现在如下几个方面。

（一）存在堤防管理方式方法不妥

大部分乡镇总认为农民工价较高，前期堤坡杂草丛生，投工较多，加之添置除草设备成本大，就现有的以奖代补资金只能保证季节性管养，常态化管养资金缺口大，导致部分乡镇前期各项工作较认真，但后期常态化管养滞后。具体体现为两方面，一是个别乡镇为省心、省力、省资金，仍然采取大面积药杀、除杂；二是个别乡镇采取统包形式发包，临时抽调劳力清基除杂，无专职管护员，加之平常监管不力，导致整个堤防管理工作滞后。

（二）领导力度和思想认识不够

部分乡镇管理存在汛期集中清基扫障心理，导致日常管养工作不到位，清基扫障不彻底。个别乡镇对堤防规范化管理得过且过、被动应付，日常维护不到位，没有形成常态化管护；个别乡镇觉得经费少，力不从心，有畏难情绪。

（三）堤防管理权属不明

由于确权划界工作不到位，导致个别乡镇堤防管理范围内的堤外平台、滩地等均不属水管站，有权属证明的地方也被邻近村民占用，无法对该区域进行有效管理。

（四）堤防管理执法不严

由于历史原因形成的堤防保护范围内乱占乱种、乱建乱挖等现象很难执法，堤防管理范围内栽种作物、植树造林现象还存在，超重非防汛车辆肆意通行等行为突出。

（五）奖惩措施不到位

个别乡镇不但配套资金不到位，反而还克扣以奖代补资金。有的乡镇没有针对堤防管护员的奖惩措施，有的乡镇尽管制定了奖惩措施，但奖惩没有兑现，护堤员积极性不高。

借华容县堤防工程规范化管理达标建设的东风，建议在规范堤防管理工作上主抓三项工作：一是加大宣传力度，进一步提高思想认识，对一线防洪大堤沿线各村场及群众进行堤防管理宣传，充分认识到堤防规范化管理工作是防洪保安的基础工作，事关人民群众生命财产安全，同时也是河长制工作的重要内容，必须抓紧抓好；二是成立堤防管理机构，进一步加大管理力度，按“统一管理，分组负责”的原则，调整堤防管理机制体制，水管站指派专人专职一线防洪大堤管理范围与保护范围内的日常维护与日常管理；三是及时制定相关堤防管理日常维护制度、日常管理制度、分段包干负责制度、奖惩制度、财务制度等，确保堤防管理工作责任到人，并形成长效机制；四是健全财务手续，规范堤防管理资金，2017 年度全县堤防管理工程建设经费预算共计 240 万元，除省厅下拨堤防管理以奖代补资金外，另向县财政争取解决堤防管理配套资金

40万元，堤防管理资金由县堤防管理所按堤防管理工作进度及考核考评情况予以分期拨付。

党的十八大以来，水利部门努力践行新时期水利工作方针，自觉把绿色发展理念贯穿于水利工作全局，水生态文明建设成绩斐然。“加强河湖管理、建设水生态文明”已成为水利全行业的共识，生态文明理念已深入地融入水利工作的各环节。水生态文明建设正为建设美丽中国、实现中华民族伟大复兴的中国梦提供越来越有力的支撑和保障。华容县结合多年的管理经验制定了堤防管理日常管护制度，并开展联合执法，落实工程措施，严格奖惩制度，使得县境内堤防管护更加规范，充分发挥出依法治水的重要作用，并大力实施江河湖库水系连通，积极推进堤防规范化管养，扎实开展综合防治，统筹推进水生态文明建设。

附件：华容县堤防管养制度清单

1.《2017年度华容县堤防工程规范化管理工作实施方案》

2.《华容县堤防工程规范化管理达标建设实施方案》

3.《华容县长江岸线整治指挥部文件》

4.《华容县长江干堤堤防管理实施方案》

5.《华容县堤防管理建设长江干堤堤面整形工程实施方案》

6.《治河渡镇防洪大堤堤防管养财务制度》

第四章

水利工程建管体制改革

2017年是实施“十三五”规划的重要一年，也是供给侧结构性改革的深化之年。如何将“十三五”规划的任务与国家的改革精神落到实处，提高湖南水利基础设施的硬件水平和系统化保障能力，水利建设与管理工作任务艰巨、责任重大。2016年以来，全国各地按照《关于深化小型水利工程管理体制改革的指导意见》的总体部署，坚定改革目标，加强组织领导，突出改革重点，分类持续推进，在明晰工程产权、落实管护主体、创新管理体制机制、拓宽管护经费渠道等方面做了大量的工作，改革进展顺利，成效显著。

湖南省各县市积极贯彻落实《深化小型水利工程管理体制改革实施意见》，进一步明晰小型水利工程产权，明确管护主体责任，为建立健全符合湖南省实际情况的小型水利工程体制和良性运行机制，进行了积极的探索和创新。湖南省在全面推进改革的过程中，针对工程产权不清、责权不明、体制不顺、经费不足等问题，做出了不懈努力并取得了实质性成效。2014年11月，湖南省农田水利设施产权制度改革和创新运行管护机制试点工作启动后，各试点县编制了农田水利设施产权制度改革和创新运行管护机制试点工作方案，抽调专业技术人员专门成立了水利产权制度改革领导小组，成立了专门的领导小组办公室，明确专人负责开展日常工作。以明晰产权为核心，激活社会活力。政府授权水利部门对工程产权所有者发放产权证，产权所有者是工程的管护主体。为了保证工程安全运行和效益发挥，产权所有者根据需要，对受益的组织和个人发放管理权证和经营权证。管理权人依法享有小型水利工程使用的权利，经营权人依法享有小型水利工程使用和收益的权利，并承担小型水利工程管理、运行和维护的义务。以协会自治为核心，激活群众活力。通过加强制度管理，突出强化用水户协会的自治功能，做到自我建设、自我管理、自我筹资、自我监督。用水户协会、分会在县乡水利部门的指导下，按小型水利工程管理制度，筹措管护资金，委托管护员实施工程日常维护。镇用水户协会主要职责是指导用水户分会的日常管理工作、监督小型水利工程管护落实情况、审核工程管护计划。村用水户分会的职责主要是筹措管护经费、落实工程的日常管理。以权责统一为核心，激活基层组织活力。突出落实“权责统一”机制，既明确基层组织的建设管理责任，又进一步强化基层组织的经费保障机制。通过改革，明晰了工程所有权、落实了工程管护主体和责任，在制度层面上保障了工程管护主体的收益权，充分调动了其日常管理的积极性。

为确保改革工作全面顺利完成，湖南省今后的做法是，首先在前期工作的基础上，根据改革深入推进的需要，进一步完善工作机制，不断健全改革配套政策，确保各项改革措施落实到位。其次，各级水行政主管部门要继续加强与财政部门的沟通协调，不断加大小型水利工程管护资金支持力度，为改革提供有力的经费保障。同时，以加大市场化运作等方式，吸引民间资本投入，想方设法拓宽小型水利工程管护经费筹措渠道。再次，进一步创新工程管护模式。要大力推进水利工程标准化管理，依据有关规程规范，针对不同类型的工程制定具体管护标准，全面规范管护行为，促进工程管理规范化、精细化。积极培育市场主体，规范维修养护市场，鼓励有工程运行和维护经验的市场主体参与小型水利工程维修养护工作。积极推进水利工程专业化管理，充分发挥能力较高、实力较强的水利工程管理单位的作用，不断提高水利工程管理专业化水平。最后，制定切实可行的验收工作方案，编制验收工作计划，明确验收的主体、程序、内容和指标，将自验、抽验、终验等方式有机结合。

湖南省双峰县先后以全国55个深化小型水利工程管理体制改革试点以及全国100个农田水利设施产权制度改革和创新运行管护机制试点为契机，通过顶层设计、高位推动、强力推进，形成了深化农田水利设施产权制度改革的“双峰经验”，即明晰工程产权、健全管护网络、创新管护机制、落实管护经费，农田水利工程基本做到了“产权有归属，管理有载体，运行有机制，工程有效益”，形成了多元化的农田水利设施产权制度和有利于农田水利发展的建管新机制，改革取得了显著成效，相关做法受到了国家、省、市各级政府的充分肯定，形成了一系列可推广、可复制的经验。

南县是典型的平原水乡和农业大县，2014 年被确定为“国家小型农田水利设施产权制度改革和创新运行管护机制试点县”，选取 9 个行政村作为试点核心单位，重点探索将财政投资形成的农田水利设施资产转为集体股权，或者量化为受益农户股份的有效方法。该县浪拔湖镇南红村是试点较为成功的单位，该村基层农田水利改革中普遍面临的聚人心难、筹款项难、管护难、生态保护难、农民增收难等难题，经过改革，水害损失和抗旱支出明显减少，社会和谐和乡村稳定程度得到极大提升，农业增收和农民增收显著，美丽乡村日益成型，探索了一条适合平原地区农民增产增收的“南红道路”。

小型水利工程是我国水利工程的重要组成部分。通过深化小型水利工程管理体制改革，建立工程良性运行机制，对广大人民群众具有重要意义。我们要继续坚定改革目标，扎实落实各项措施，全面深入推进和持续优化小型水利工程管理体制改革工作。

确“水利产权” 引“源头活水”

——双峰县深化农田水利设施管护体制改革

【操作规程】

一、工作步骤

(一) 成立领导及办事机构

(1) 成立由当地主要领导小组担任组长的改革工作领导小组，实行党政同责。县水利局、乡镇均成立改革专项领导小组，对改革过程进行决策、部署、督促、检查。

(2) 建立运转高效的工作机制。将改革任务细化分解，纳入目标管理考核，落实到领导和相关部门。做到任务明确、责任到人。

(二) 摸清底子、调查研究、有的放矢

(1) 组织县、乡 (镇)、村干部摸清辖区内各类农田水利工程的现状，尤其是管护、运行、人员、经费等情况，掌握第一手基础资料。

(2) 在实地摸底基础上，召集相关部门进行研究，起草相应的实施方案。

(三) 充分论证、优化顶层设计

由县级人民政府出台当地改革工作实施方案以及各类规范性文件，保证改革依法依规进行。

(四) 根据改革事项精选试点区域进行试点

(1) 选取辖区内基础好、领导重视、群众支持的乡镇作为改革试点，鼓励各乡镇因地制宜，先行先试，杜绝“一刀切”，探索适合本地需要的改革模式。

(2) 试点过程中及时试错纠错，待条件成熟后再向同类区域推广。

（五）全面确权颁证，落实管护责任

（1）对纳入改革的农田水利工程登记造册，分类定性，全面颁发产权证、管理权证。

（2）由工程产权所有人同管护责任人签订管护合同，落实管护责任。

（六）因地制宜推行多元化的建设管护机制

（1）按照“谁投资、谁所有、谁受益、谁负担”的精神进行产权确认和移交。

（2）积极通过承包、租赁、股份合作、拍卖、用水合作组织管理、委托管理、组建专业管护公司等多种形式搞活水利设施的运行管护，灵活转换工程运行管理机制。

（七）通过多种渠道募集改革所需经费

（1）积极申请国家或省市试点项目，获得国家和省市政策与资金支持。

（2）通过本地财政预算列支部分所需经费。

（3）通过村民自筹和社会捐赠方式筹措资金。

（4）积极推动与社会资本合作扩大资金来源。

（八）广泛宣传改革经验，积极争取各方面的支持

将改革进展积极向上级政府、当地群众和媒体通报，获取各方面的支持，进一步形成推进改革的合力。

二、工作流程图

双峰县农田水利设施管护体制改革流程如图 4－1 所示。

【典型案例】

农田水利设施权责不清、管理混乱、效益低下，已成为制约农业增效、农民增收的瓶颈。双峰县以列入全国 55 个深化小型水利工程管理体制改革试点及全国 100 个农田水利设施产权制度改革和创新运行管护机制试点县为契机，按照“试点先行、逐步推开、规范运作、全面实施”的思路，通过“明晰工程产权、落实管护主体、落实管护经费、完善管理机制”四大举措，建立了“建、管、养”相协调，“责、权、利”相统一

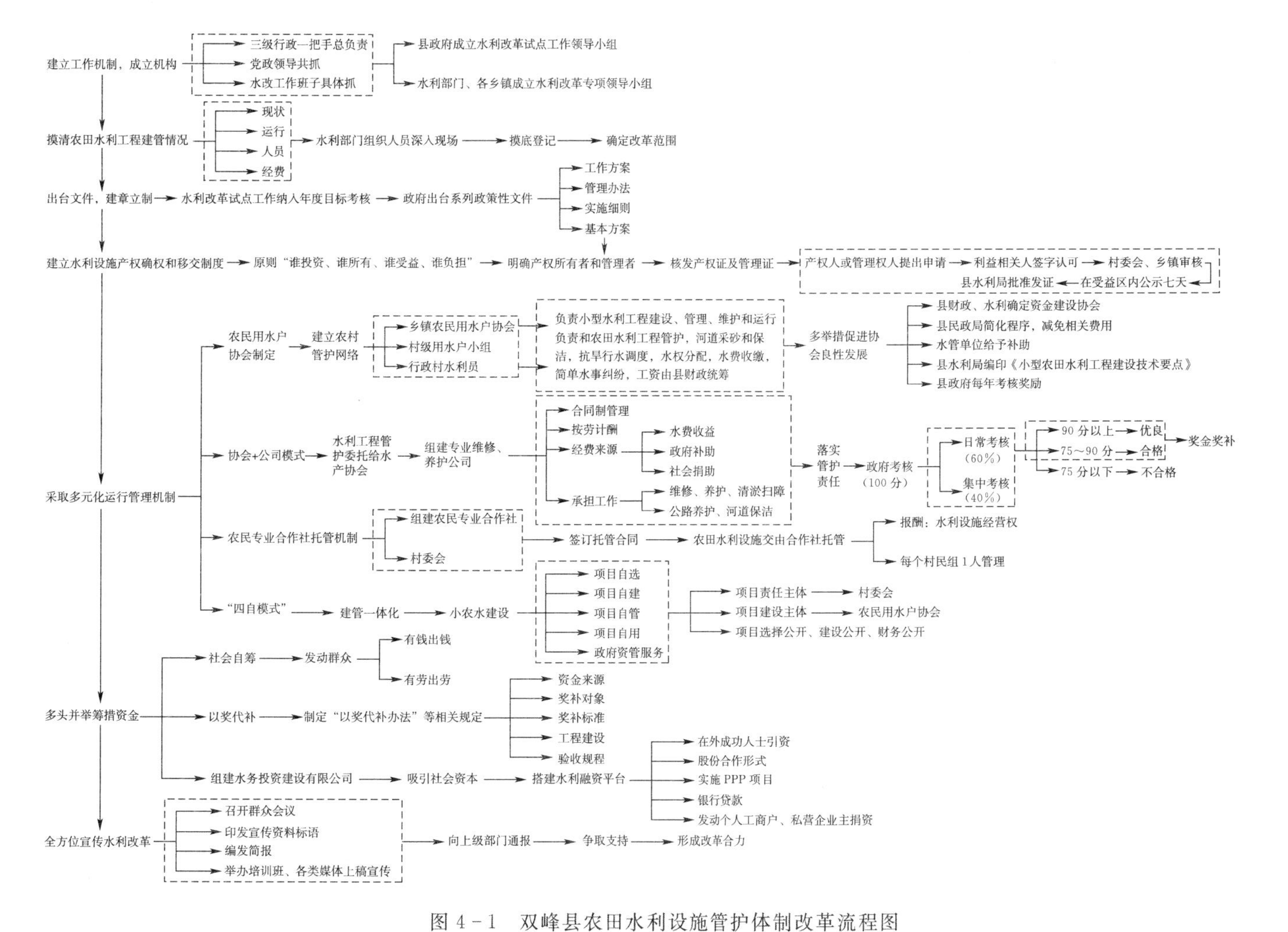

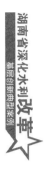

图4-1 双峰县农田水利设施管护体制改革流程图

的小型水利工程管理新机制，改革取得了显著成效，相关做法受到了国家、省、市等各级政府的充分肯定，形成了可推广、可复制的“双峰经验”。

一、改革背景

双峰县地处湖南省中部，隶属于湖南省娄底市，成立于1951年，以县境内有两座山峰相对耸立而得名。双峰历史悠久，名人辈出，享有“国藩故里，湘军摇篮，女杰之乡”之誉。双峰县东邻湘潭县、衡山县，南接衡阳县，西毗邵东县、涟源市，北界娄底市、湘乡市。东西宽61公里，南北长59.2公里，面积1715.14平方公里，占全省总面积的0.81%。下辖16个乡镇和1个省级经济开发区，总人口97万人，其中农业人口85万人。

双峰县属中亚热带季风气候，地处娄邵干旱走廊，水资源总量短缺，境域地貌形态呈四周山地崛起、中部岗平相间的立体轮廓，地貌类型呈山地连片、岗丘交错、平地绵展的组合。四周山丘环绕，中部岗盆宽广。县境东部、东南及东北群山连绵起伏，西部为t-U斗的台升地带，北部丘岗起伏。周高中低的地形，便于水利工程布局，控制灌溉面积大，县境耕地67万亩，其中水田55万亩、旱土11.3万亩，有效灌溉面积为32.5万亩，是典型的农业大县、水利大县，素有“湘中粮仓”之称，是国家重要的商品粮基地和生猪基地，也是湖南省第一个“吨粮县”，连续12次被评为全国粮食生产先进县，2017年荣获中国好粮油“示范县”，2006年以来5次被评为湖南省“芙蓉杯”水利建设先进县。

“水利者，农之本也，无水则无田矣”。水利为农业命脉，民生之本。中华人民共和国成立以来，双峰人民经过六十多年艰苦卓绝的奋斗，在水利建设上取得巨大成就，目前全县共有各类规模以上水利工程5.8万多处，各类水利工程明细见表4-1。

但是，与省内外其他地方类似，双峰县水利工程也存在不少问题，主要表现在以下几个方面。

（一）农田水利工程老化失修，服务功能退化

县内水利工程大都建于20世纪六七十年代，主要靠农民投工投劳、就地取材，工程建设标准偏低，配套设施不齐全，水利设施基数大、底

子薄，历经几十年的运行，工程老化问题十分突出，蓄水能力大幅下降，防汛抗旱效能日益衰减，加之双峰地处衡邵干旱走廊中心及湘中暴雨多发区，安全隐患不断凸显，带病运行现象比较突出，综合效益衰减。

表 4-1　　双峰县各类规模以上水利工程明细表

类　别	数量	明　细
水库	221 座	中型 4 座，小（1）型 26 座、小（2）型 191 座
中小河流及堤防	144 处	其中 5 公里以上的河流 49 条，总长 655.6 公里；流域面积大于 200 平方公里的河流长 217.9 公里；已建堤防 20 处，长度 55.28 公里
小型水闸	238 座	小（1）型 27 座，小（2）型 211 座
小型农田水利设施	56112 处	灌溉渠道 7523 公里，山塘 53673 处，堰闸 839 处，机电泵站 1600 处
农村饮水安全集中式供水工程	662 处	日供水 1000 吨以上工程 13 处，2 型、3 型工程 14 处，4 型工程 249 处
小型水电站	9 座	

（二）管理体制不健全，管理责任落实不到位

一直以来，县内小型水利工程建成后，都是移交给所属乡镇或工程所辖村负责管护，落实管护责任仅仅是一种口头上的约定，缺乏明确的制度约束，因此乡镇、村管护责任履行不到位或基本未履行的问题普遍存在。自 2006 年农村税费改革取消“两工”后，农村集体经济组织在建设、管理农村水利工程上的主体地位越发减弱，管理主体权责未明确，责、权、利纠结不清，建、管、用严重脱节，农田水利设施“政府管不了、集体管不好、农民管不到”的现象较为普遍，农民吃“大锅水”“福利水”的现象尤为突出。同时，政府在水利设施监管考核机制上的失位、缺位，也导致管护责任落实效果大打折扣，形成了“大家管与不管一个样，管好管坏一个样”的恶性循环。

（三）资金募集渠道狭窄，管护经费缺乏保障

双峰县并村改革前有 894 个村，全县共 7 万多处农田水利工程，经当地水利部门科学测算，每年仅维修养护就需资金 4200 余万元。但长期以来，水利工程建设、管理和养护资金没有固定的来源渠道，中央、省市

下拨的维修养护资金对于日常管护经费投入可谓是杯水车薪，且有一定的不稳定性；而双峰县作为省级财政贫困县，年财政收入不足6亿元，县财政是一个保干部职工工资都难的“吃饭财政”，更别提拿出较多的资金用于农田水利工程的维修、养护，县、乡、村三级财力非常有限。改革前，县属4座中型水库每年的财政拨款总额仅有10来万元，维持正常运转都非常困难，根本无暇顾及水利工程的维修养护，遇上大雨、水毁工程较多时，县财政都只能勉强挤出点资金进行临时性修补。同时，农民对水利工程筹资筹劳的积极性、主动性不高，习惯于只取不予，“用时重要，平时不要”，“靠天吃饭”心理普遍存在。

针对上述制约农业增产、农民增收的重大困境，双峰县在上级部门的指导下，率先开展农田水利工程改革工作。2013年10月，双峰县被列为全国55个深化小型水利工程管理体制改革试点县，2014年11月又被列为全国100个农田水利设施产权制度改革和创新运行管护机制试点县。试点过程中，双峰县积极贯彻中央、省、市的文件精神，探索建立市场在资源配置中起决定性作用和更好发挥政府作用的农田水利建设管护新机制，针对农田水利建设组织难、投入难、管理难等问题，深化改革，创新组织发动机制、资金投入机制、项目管理机制、运行管护机制，致力于形成一批覆盖不同工程类型、不同自然和社会经济条件，产权明晰、管理规范、运行良好的示范工程；形成多元化的农田水利设施产权制度和有利于农田水利发展的建设管理机制；形成可复制、可推广的制度、经验和方法。

二、改革举措

双峰县农田水利设施产权制度改革和创新运行管护机制改革试点的总目标是，因地制宜探索不同类型农田水利设施产权制度改革和创新运行管护机制的有效途径，使农田水利设施产权明晰、权责落实、经费保障、管用得当、持续发展。根据省水利厅、省财政厅、省发展与改革委员会联合批复的《湖南省娄底市双峰县农田水利设施产权制度改革和创新运行管护机制试点实施方案》，具体的改革任务主要包括：①实行建管一体化；②建立项目建设管理公示公开制度；③完善项目建设方式；

④完善项目补助方式；⑤改进项目管理方式；⑥产权确权和移交；⑦搞活经营权；⑧建立“工程产权所有者筹集为主，政府绩效考核进行奖补为辅”以落实工程管护经费的长效机制；⑨鼓励和扶持农民用水户协会等专业合作组织发展，充分发挥其在运行维护、水费计收等方面的作用。围绕这些改革任务，双峰县主要采取了以下几个方面的举措。

（一）全面推进建立水利设施产权确权和移交制度

针对水利设施工程产权不清、权责不明的问题，双峰县将水利设施产权确权和移交制度作为水利工作改革的重心。双峰县小型农田水利工程确权的原则是“谁投资、谁所有、谁受益、谁负担”：个人投资兴建的工程，产权归个人所有；社会资本投资兴建的工程，产权归投资者所有，或者按投资者意愿确定归属；受益户共同出资兴建的工程，产权归受益户共同所有；以农村集体经济组织投入为主的工程，产权归农村集体经济组织所有；以国家为主投资兴建的工程，产权归国家、农村集体经济组织或农民用水合作组织所有，跨辖区的水利工程其所有权归上一级机构所有，原有产权归属已明晰的工程，维持原有产权归属关系不变。依此为指导，双峰县制定了明晰各类水利设施产权所有者和管理者的基本方案，具体见表4-2。

表4-2　　双峰县小型水利工程产权明晰原则表

小型水利工程类型	产权所有者	管理者
小（1）型水库	大坝所在乡镇人民政府	由乡镇或乡镇委托大坝所在地村管理
小（2）型水库	大坝所在地村集体	由村级管理
中小河流及堤防	县人民政府	委托所在地乡镇管理
小型水闸	水闸所在地村集体	水闸所在地村集体
农村安全饮水工程（乡镇集中供水工程）	乡镇	乡镇
农村安全饮水工程（跨村供水工程）	水厂所在地村集体	水厂所在地村集体
农村安全饮水工程（单村集中供水工程）	村级集体	村级集体
农村安全饮水工程（联村集中供水工程）	水厂所在地村集体	水厂所在地村集体
小型农田水利工程	村、组集体或个人	村、组集体或个人

为全面掌握农田水利设施产权制度改革第一手资料及基础数据，县水利部门组织全县5000多名镇、村干部深入田间地头，对县内各类水利工程进行现场踏界、摸底登记，确定将全县57977处水利工程列入改革范围。全县小型水利工程按上述原则确定权属后，核发产权证及管理权证。产权证由县人民政府监制，授权县水利局统一发放，其办证流程如图4-2所示，产权证证书如图4-3所示。

图4-2　双峰县水利工程产权证办理流程图

在颁发产权证的过程中，该县因地制宜对同一个村民小组同一产权人、同一类工程（将该类工程合并成一个附件，插入证书），只发一本产权证书或管理权证书，全县5.79万处水利工程，全部发证只要产权证书2.35万本，从而节约了资金，提高了效益，得到了省水利厅的肯定和推广。目前，全县列入改革工作的57977件水利工程已全部明晰工程产权，工程确权率和发证率都为100%；产权明确为国家所有的362处、集体所有的57607处，社会投资者所有的8处。落实了管护责任，签订了管护合同，共发放产权证书2.325万本，管理权证书2.85万本，产权证书及管理权证书的发证率均为100%。

图4-3　水利工程权证证书

（二）因地制宜采取多元化的运行管护机制

在分类明晰农村小型水利工程产权和经营管理权的基础上，双峰县积极通过承包、租赁、股份合作、拍卖、用水合作组织管理、委托管理等多种形式搞活水利设施的运行管护，灵活转换工程运行管理机制，因地制宜采取专业化集中管理及社会化管理等多种管理模式，见表4-3。在此基础上，双峰县进一步明确工程的管护责任，形成各具特色的管护机制，全县5.79万处小型水利工程全部建立健全了管护制度，明确了管护责任，签订了管护合同，其中县政府还针对涉及公共安全的5108处小型水库、中小河流、安全饮用水工程出台了安全管理办法，保障了工程安全运行和充分发挥效益。这些模式主要针对水利设施"有人建、无人管"的情况，真正改变了过去部分农村小型水利工程"国家管不了、集体管不好、农民管不到"的难题。

表4-3　　双峰县不同类型水利设施管理模式表

类　型	管理模式
堤防	目标责任管理模式
小型灌区工程	"协会＋公司"管理模式
山塘、水闸、水陂等	村民自治和农民专业合作社管理模式
农村小水电站等	合同经营模式
部分小农水建设	"四自"模式

典型做法主要包括以下几种：

第一种做法是落实农民用水户协会制度，实现村级管护网络全覆盖。这也是双峰县管护机制的一般模式。全县17个乡镇水利站按照上级"职能明确、布局合理、队伍精干、服务到位"的总体要求，开展了基层水利服务机构标准化和规范化建设，全面提升了基层水利公共服务能力。农村管护网络实行"乡镇农民用水户协会＋村级用水户小组＋行政村水利员"三级体制，全县共成立乡镇级农民用水户协会17个，村级用水户小组893个。为促进协会良性发展，县财政、水利局从水利基金、水利工作年度预算、灌区改造、基层服务体系建设等项目资金中划拨一定比例资金用于协会建设（用水户协会经费来源见表4-4）；县民政局简化程序，减免农民用水合作组织注册登记、年检、年审有关费用，减轻农民用水合作组织负担；水管单位根据水费收入情况，给予农民用水合作组织相应补助。协会主要负责小型水利工程建设、管理、维护和运行，水利员负责本村农田水利工程的管护、河道采砂和保洁工作，以及本村抗旱行水调度、水权分配、水费收缴和简单的水事纠纷的调处，其工资报酬全部由县财政统筹。[①] 为加强对农民用水户协会、村级用水小组的业务培训和指导，县水利局编印了专门教材《小型农田水利工程建设技术要点》，发至全县村级用水小组，并举办了4期乡镇农民用水户协会培训班（每年1期）和8期村级用水小组培训班（每年2期）。县政府每年对17个乡镇级协会进行考核奖励。

表4-4　　乡镇农民用水户协会经费来源表

经费来源	明　　细
水费提成	国管灌区农田灌溉水费的20%归用水户协会
	镇及村管小型灌区农田灌溉水费的80%归用水户协会，20%作为镇及村委的工作经费
会员费	如何收费由各协会和村用水小组自定
集体经济收入	凡有集体经济来源的村委会或自然村，每年都要按一定比例提取相应的资金，作为协会运作经费
其他来源	会员投工投劳折资、社会捐资、政府补贴等

第二种做法是建立“协会+公司”模式，委托专业公司进行管护。甘棠镇、走马街镇作为试点乡镇，积极探索创新小型水利工程管护“协会+公司”模式。例如，甘棠镇全镇27座小型水库的管护，在安全责任主体不变的前提下，全部委托给该镇农民用水户协会，镇用水户协会再组建专业的维修、养护公司——双峰县为民服务养护有限责任公司，承担全镇小型水库的维修、养护、清淤扫障工作。养护公司实行单独运作，独立核算，队员实行合同制管理，一年一聘，工资按劳计酬，经费来源为水费收益、政府补助、社会捐助三条途径。公司除承担全镇小型水库管护外，还承担全镇公路养护、河道保洁等工作，尽可能拓展业务，确保公司良性运行。同时，为落实管护责任，由乡镇人民政府对管护公司

① 行政村水利员工资由基本工资和绩效工资组成，前者按照水田面积在1200亩以下的村3000元/年，1200亩以上的村3600元/年标准发放；后者按照年终由乡镇组织考核评定，县政府进行奖补的方式发放，分1200元/人、1000元/人、800元/人三个等次。

进行考核，日常考核和集中考核相结合，综合评分为100分，日常考核分占60%，集中考核分占40%，综合评分90以上为优良，75～90分为合格，75分以下为不合格。考核结果为合格以上时，乡镇及县水利局当年适当进行资金奖补。目前，县水利局对甘棠、走马街管护公司已连续奖补三年，每年各奖5万元。由于该模式有效解决了小型水利工程管理权责模糊、主体缺位、效益衰减的问题，目前正在全县推广。

第三种做法是建立农民专业合作社托管机制。双峰县以推动农村土地规模化流转为契机，将全县组建的421个农民专业合作社作为水利工程的管护主体，由村委会与合作社签订托管合同，将村内相关农田水利设施交由合作社托管，用水利设施的经营权作为报酬对农田水利设施进行托管。其优势在于：

（1）增加水利投入。农民专业合作社要想旱涝保收、增加收入，就必须对相关农田水利工程进行提质改造。如青树坪镇黄田农民专业合作社2015年、2016年用于山塘清淤，渠道硬化改造的资金投入就达19.88万元，提高了抗御自然灾害的能力和水利用系数。

（2）节约管护经费。土地流转前山塘、渠道是以组为单位，由农户各自管理，一个村民组都要5人至6人管护，托管后，全村的山塘、水渠、河坝等由农民专业合作社统一管理，每个村民组只派1人管理，每组节约的管护资金就达五六千元，同时还提高了管护效益。

第四种做法是推行“四自”模式，实行建管一体化。为创新农田水利设施建设、管理模式，双峰县以“四自模式”试点县为契机，在核心示范区甘棠镇衡邵干旱走廊治理项目中，在小农水建设中推行项目自选、自建、自管、自用和政府监管服务的建设管理机制，明确村委会是项目责任主体，农民用水户协会是项目的建设主体，全程要求项目选择公开、建设公开、财务公开，简化了项目建设程序，堵塞了贪腐漏洞，节约了项目资金，提高了工程效益。同时也激发了农民参与工程建设、管理的积极性。甘棠镇甘冲村是一个典型的干旱村，由于“四自”建管模式的推行，村民参与水利建设的积极性空前高涨，2015年村支两委利用农民用水户协会这一平台，多方筹集水利建设资金，人均筹资达150多元，同时广开门路、向在外的成功人士募捐，共筹得水利建设资金60多万元，全村男女老少自发投工投劳，部分在外地打工的村民也自觉回村参与建设，掀起了冬春水利建设的高潮。永丰镇洋荆灌区在政府协调、服务、监督下，村民按自选、自建、自管、自用的“四自”模式，将水库、水渠、电排整修一新，加上水利员的管护，以前要10个小时水才能流到的田块，现在20分钟就可以灌溉。洋荆灌区改革示范区如图4-4所示。

图4-4　洋荆灌区改革示范区

（三）多头并举筹措基层农田水利改革所需资金

双峰按照“各炒一道菜，共办一桌席”的做法整合涉农资金，多渠道筹集工程管护经费，建立了政府以奖代补和群众自筹相结合的长效投入机制，为推进改革提供了扎实的资金保障、多元化资金筹措机制和渠道，见表4-5。

在社会自筹方面，双峰县广泛宣传发动群众兴修水利，广大群众有钱出钱、有劳出劳，积极投身农田水利建设。如2013年冬印塘乡吴湾村群众自筹20万元，扩建明朝修建的老井，解决灌溉面积400余亩。2013年冬至2014年春，甘棠镇龙安村、三塘铺镇岩泉村、青树坪镇人幸村、荷叶镇天坪村、沙塘乡黄土坝村、花门镇杉林村等村人均筹资（出劳）达500～1000元，主要用于清淤扩容山塘与清淤整修河渠，改善蓄水保水和灌溉条件。2016年冬，梓门桥镇龙家、光明、完西等村筹资200多万元，高标准清淤整修山塘15口，新建硬化渠道14条7200多米，疏浚维修河道1条。

表 4－5　　双峰县管护机制多元化资金筹措机制和渠道

经费来源	金　额	明　　细
财政预算	506.3 万元/年	水库管护费 70.3 万元/年：小（2）型水库按 5000 元/座/年，小（2）型水库按 3000 元/(座·年) 小型水利工程维护费：200 万元/年 中型水库干渠养护经费：100 万元/年 河道保洁费：136 万元/年
村级管护基金	每个村民小组不低于 3000 元/年	基金由每年收取的土地、山林承包费、水费、村办企业等村组集体收入中提取一部分并吸收社会捐赠构成，以村为单位在镇经管站统一建立专账，专款专用；各组自行使用，中途动用需年底补足[①]
政府以奖代补	3700 余万元（2013—2016 年）	2013 年奖补 600 万元，2014 年奖补 689 万元，2015 年奖补 1175 万元，2016 年奖补 1236 万元
村民自筹	1840 余万元（2014—2016 年）	通过一事一议机制，由受益村民按耕地面积统筹。2014 年自筹 560 多万元，2015 年自筹 600 多万元，2016 年自筹 680 多万元

① 现实中有个别受益户不愿承担义务，但又不能强制摊派，该县则采取一事一议的办法解决，先召开村民代表会议，以少数服从多数的原则通过决议，再向乡镇人民政府和县农民负责监管办报批，再行统筹，变被动为主动。

在以奖代补方面，县人民政府于 2014 年 6 月修订了《2013 年冬修水利工程奖励细则》，制定了《双峰县小型农田水利工程以奖代补办法》，明确了以奖代补的资金来源、奖补对象、奖补标准、工程建设、验收规程等。全县的小型农田水利建设严格依照文件实行以奖代补，多筹多补，2013—2016 年以奖代补资金达 3100 余万元，且呈逐年增加趋势，充分发挥了财政资金“四两拨千斤”的效果，极大地调动了全县农民投身水利建设的积极性，全县掀起了大兴水利的高潮，2014—2015 年两年全县投入的水利资金达 6.9 亿元，投工达 2000 万个，完成各类水利工程 1.9 万余处，小农水重点项目被评为全省先进，以奖代补标准见表 4－6。

同时，为搭建水利融资平台，经县政府批准组建了水务投资建设有限公司，有效地借助公共财政资金的杠杆撬动作用，广泛吸引各种社会资本，参与农田水利工程的建设与管护，实现政府与企业（个人）互利双赢。2013 年冬，花门镇东桥村通过在外的成功人士引资 30 万元，对该村晏家大塘进行清淤扩容，获取水塘 30 年的养殖权。2014 年，井字镇石咀村陈永国等 3 人出资 23.5 万元承包本村长丰水库 20 年养殖权，对该库进行卧管与涵洞置换，大坝除险加固以及库内大清淤。梓门桥镇财厚冲水库［小（1）型］则以股份合作的形式吸聚民间资本200多万元，投资兴办自来水厂，搞活经营权，水厂年收益在20万元以上，水库管理所每年的水资源费及股份收益达10万元以上。2016年，梓门桥镇青兰村荒山坡地523亩流转给本镇红心脐橙合作社经营，该社就计划投资60万元，对流转土地区域内13口山塘中的11口山塘与2.35千米渠道进行清淤、整修与加固。2017年，县委县政府还计划在县农村安饮巩固提升第一期工程实施PPP项目，引入社会资本2.24亿元（该项目已纳入湖南省第四期示范项目），另计划从农行、农发行贷款6个亿用于中型灌区渠道续建配套。此外，该县各级水利主管部门大力发动个体工商户、私营企业主等捐资修建水利，2013年荷叶镇当先村黄惠林出资26万元、肖国良出资15万元、红日村黄立辉夫妇出资16万元；2014年井字镇新云村彭湘南出资12万元；2015年井字镇万里村左建军出资10多万元；2013年至今连续4年荷叶镇清泉村彭坚新出资300多万元等。在当地高标准、高质量地改造和建设了一大批以山塘、渠道为主的水利工程，加速了水利设施的改善。

表4-6　各类小型农田水利建设工程实行以奖代补标准表

工程类别	奖励标准
泵站工程	按照工程项目总投资的30%进行奖励
渠道硬化工程	分别按20～65元/米的标准进行补助
山塘清淤	按实际清淤面积计算、每亩水面奖励1000元
混凝土硬化	每平方米奖励12元
山塘浆砌石挡土墙	按面积计量，奖励标准与同区域范围内山塘混凝土硬化一致
小渠道混凝土衬砌加固	按展开面积计量，奖励标准与同山塘混凝土硬化一致
河道清淤	根据实际清淤方计量，奖励标准与山塘清淤一致
河堤硬化	按山塘混凝土硬化计量与奖励
其他小型水利工程	按竣工决算总造价的20%给予奖补

三、改革成效

经过几年持续不断的改革，双峰县在农田水利设施产权制度改革和创新上进行了有益的探索，农田水利工程基本做到了“产权有归属，管理有载体，运行有机制，工程有效益”，形成了多元化的农田水利设施产权制度和有利于农田水利发展的建管新机制，改革效益得到极大释放，实现了政治效益、社会效益、经济效益“三赢”。

（一）水利设施产权得到明晰，管护责任得以落实

双峰县按照“谁投资、谁所有、谁受益、谁负担”的确权原则，解决了小型水利工程产权不清、权责不明的问题，全县纳入改革的5.79万处农田水利工程全部进行了确权颁证。在分类明晰农村小型水利工程产权和经营管理权的基础上，采取承包、租赁、拍卖、转让等多种形式，工程运行管理机制灵活，形成各具特色的管护机制，真正改变了过去“政府管不了、集体管不好、农民管不到”的局面，全县5.79万处小型水利工程全部建立健全了管护制度，明确了管护责任，签订了管护合同，完善了管护网络。管护经费筹措上，建立政府以奖代补、社会资本投入和群众自筹相结合的长效投入机制，调动农民群众筹资筹劳和参与水利建设的积极性，确保了全县水利工程有人管、有权管、有钱管。

（二）水利事业稳步发展，经济效益得到凸显

通过改革，广大农民群众得到了看得见、摸得着的实惠，投身水利建设的积极性空前高涨，改革“红利”极大释放。仅2016年，全县共投入资金3亿元，投工1000万个，完成各类水利工程10000处，挖填土石方1600万立方米，出动机械台班15000个，治理病险水库122座，维修改造泵站44座，新建供水工程242处，清淤硬化渠道450公里，疏浚河道80公里，清淤整修硬化山塘2000口，治理水土流失面积5平方公里，解决饮水不安全人数6.71万人，新增灌溉面积1.4万亩，改善灌溉面积2.5万亩，改造中低产田1.5万亩，年增产粮食在600万千克以上，为农业增产、农民增收打下了坚实的基础。遇到干旱，农民也不需要为了农田灌溉而“抢水”“偷水”或为水打架，而是在政府的合理调配下，按需用水、合理用水。

（三）改革成果受到关注，“双峰经验”得到肯定

双峰县的改革经验也得到了各级部门的认可和肯定。改革试点工作于2017年12月顺利通过国家水利部、省水利厅的复核验收及湖南理工大学进行的第三方评估，并被评定为优秀等次，入选“湖南省基层水利改革创新案例”。改革试点成果被录入《2016年中国水利年鉴》及《湖南省改革开放实录·2017卷》，得到省委改革办、省水利厅及《中国水利报》《湖南日报》的肯定和推介。湖南卫视以“双峰水利产权改革，破解用水难题”专题节目予以深度推介。

四、改革经验

纵观双峰县的改革进程，不难发现，双峰改革之所以取得重要成果，领导重视是前提，群众参与是主线，摸清家底是基础，明晰权责是核心，创新机制是关键，经费保障是根本。这些经验，铸就了农田水利产权制度改革的“双峰经验”，也为其他地区水利工程产权制度改革提供了可资借鉴的样本。

（一）顶层设计，高位推动

双峰县将农田水利管理体制改革试点工作作为深化农村改革的“一号工程”，顶层设计，高位推动，强力推进。建立了县、乡、村三级行政一把手负总责，党政领导共同抓，水改工作班子具体抓的工作机制，县委书记任改革试点工作领导小组顾问，县长任改革领导小组组长。县水利局、各乡镇、村均成立了改革专项领导小组。县政府将水利改革试点工作纳入年度目标管理考核。为促进改革工作的规范化，县人民政府出台了以下政策性文件：《双峰县深化小型水利工程管理体制改革试点工作方案》《双峰县小型农田水利建设重点项目村遴选方案》《双峰县农民用水户协会建设实施意见》《双峰县衡邵干旱走廊治理“四自”试点工作方案》《双峰县衡邵干旱走廊治理项目管理办法》《双峰县小型农田水利设施管理办法》《双峰县农村饮水安全工程运行管理办法》《双峰县小型水库管理办法》《双峰县中小河流管理办法》《双峰县小型水利工程安全管理办法》《双峰县小型农田水利工程整修建设奖励实施细则》《双峰县小型农田水利工程以奖代补办法》《双峰县小型农田水利工程质量监督管理办法》《双峰县村级水利员队伍建设实施方案》等，为改革提供了政策支撑。

（二）直切要害，先行先试

改革前，双峰县农村各类小型水利工程采取的管护模式主要有五种：

①自建自管型，即自建自受益的塘堰由业主自己负责管护；②承包经营型，即有一定经济效益的水库、泵站和少数集体所有的大、中型塘堰以及农村安全饮水工程被租赁、拍卖、承包，由承包经营者负责管护；③受益户共管型，即部分村集体骨干泵站、新修塘堰，由受益村民推选或村委会选派责任心强的受益户或党员干部兼职管护，支付管护人少量的报酬；④无偿管理型，即公共塘堰由村组大姓家族中有威望、有奉献精神的长者义务照管；⑤放任自流型，即公共塘堰、渠道、水闸、河道、排水沟长期无人管理，更谈不上维护。综合来看，工程管护多依靠农户或集体的自身觉悟和情感维系，受责、权、利分离的影响，加之承包、拍卖、租赁等市场化管护模式处于探索阶段，推进迟缓，更谈不上全面有效推广。

在改革过程中，双峰县的种种举措均紧扣产权制度改革这一“牛鼻子”，全力解决产权缺位、运管不畅这一问题，全县纳入改革范围的5.7万处农田水利工程全部进行了登记造册，分类定性，确权颁证，同时明确工程产权所有者或经营者是工程的管护主体，乡镇、村均制定了管护公约，所有小型水利工程均明确了专人负责，并签订了管护合同，实现了产权证发证率、管理权证发证率、管护合同签订率都是100%。同时，为破解农田水利工程“有人建、无人管”的难题，该县先行先试，创新农田水利工程管护机制。针对不同类型水利工程，因地制宜地采取专业化集中管理及社会化管理等多种管护方式，积极探索和培育新型管护主体，全面组建农民用水合作组织，建立村级水利员网络，推行管养分离，采取专业化集中管理及社会化管理等多种管护方式，在甘棠镇、走马街镇推行“协会＋公司”的管护模式，在青树坪镇等培育新型管护主体——农民专业合作社。

（三）凝聚共识，真抓实干

为凝聚改革共识，提升改革效率，双峰县大力抓宣传发动，充分利用会议、广播、电视、简报及新闻媒体多形式、全方位宣传水利改革。同时对镇、村干部进行专题培训，引导全民参与改革，全县共召开群众大会1万多人次，印发宣传资料8万多份，标语3000多条，编发简报30多期，举办培训班1200多期，参训人员3万多人，水利改革新闻信息在全国各级各类媒体上刊发稿件1000多篇，全面提升了双峰水利改革的氛围。

在广泛宣传的同时，保障改革目标落地，双峰县努力做到改革任务责任到人，不搞花架子。例如，在确权过程中，县水利局将水利工程确权发证实行分片包干，分乡镇包责，任务层层分解，责任落实到人，形成“人人头上有压力，个个肩上有担子”的工作责任制。该局所有班子成员全员上阵，并抽调专业技术人员等一批骨干力量，成立5个确权发证包干工作小组，制定和印发了《双峰县小型水利工程管理体制改革责任人员包干明细表》和《双峰县水利改革确权发证工作进度统计表》，将确权发证工作按乡镇分解落实到各位班子成员和专业技术人员，实现了两证发证率及合同签订率均为100%。

（四）打造现场，由点及面

双峰县在改革过程中杜绝“一刀切”，鼓励下辖各乡镇因地制宜、先行先试，探索适应本地需要的做法，条件成熟后再向全县推广。从2014年1月起，双峰县组织各乡镇、双峰县经济开发区对全县农村小型水利工程进行了初步的调查统计，摸清工程现状和运行、人员、经费等情况，掌握了第一手基础资料。2月上旬，县水利局组成工作组，深入各乡镇进行专题调研，分别召开了乡镇干部代表、村民代表和工程管理人员等多个座谈会，广泛听取各方意见，尤其听取、收集村民和基层小型水利工程管理人员的呼声和意见。在此基础上，出台了《双峰县深化小型水利工程管理体制改革工作实施方案》，并选取最有代表性的青树坪镇作为改革试点。该镇精心组织、部署水利改革，制定了《青树坪镇深化小型水利工程管理体制改革工作实施办法》，选取有典型性的单家群工站等10个村为试点村，抽调30多名镇干部包干、负责到村，与农民同吃同住，对所有水利工程进行登记摸底、登记造册、分类定性、明确权属；召开群众大会，每处水利工程的管护模式、经费筹措等均经2/3以上的村民表决通过，并在受益范围内公示，再核发证书。这种“摸底调查—制定方案—确权发证—选定模式”的工作方法，易于操作、群众满意。

再如，为使水利改革向纵深推进，双峰县选择永丰镇洋荆灌区作为全县农田水利综合改革示范区进行打造。洋荆灌区含双峰县永丰镇洋荆、何家、烟湾3个村，灌区人口3953人，耕地面积3399亩。灌区农业用水主要由附近的洋荆电灌站和县属燕霄水库（中型）供应，而电灌站用电由灯塔电站免费提供，每年耗电在30万千瓦时以上，无偿用水加上管理粗放，造成了水资源的严重浪费。县水利部门选择在洋荆灌区开展农业水价改革、水利工程管护机制创新、水利设施提质改造为主的三项改革，深入对灌区内用水情况进行了详细的调查摸底，掌握了第一手资料，再进行初始水权分配、水权确认、水价测算，改无偿供水为有偿用水，实行定额供水、计量收费、阶梯计价、节约有奖、超用加价。定额内用水按水价的100%计收水费，超定额20%以上部分按150%计收水费，定额内节约的水量由县人民政府按200%加价回收，改革后每年节约水量20万立方米以上。同时，坚持“先建机制，后建工程”，用三年的时间对灌区农田水利基础设施进行了全面提质改造，建设了“互联网+农田水利”智能化灌溉系统，畅通了农田灌溉“最后一公里”，实现了“藏粮于地，藏粮于技”的目标，发挥了改革的示范效应，以点带面，辐射全县。

五、改革的瓶颈及对策

在肯定双峰县农田水利工程产权制度改革取得重大成绩的同时，也应看到，“双峰经验”的推广也还存在很多制约因素，在当前全面深化改革的新形势下，需要继续发扬“敢为天下先”的湖湘精神，将改革向纵深推进。

（一）管护经费缺口大，县级财政难以负担

在现行体制下，公益性建设筹资和水费收取难度极大，县级财力弱，筹集管护经费压力大，给产权制度改革带来了一定难度。经测算，双峰县农田水利设施管护费用每年需2400多万元，县级财政无力承担如此巨大的资金缺口。例如，在洋荆灌区开展以农业水价改革、水利工程管护机制创新、水利设施提质改造为主的三大改革的过程中，经测算，洋荆灌区仅山塘、河坝、泵站及自动化灌溉系统，提质改造所需资金就达800多万元。尽管该县将各方面的资金向示范区倾斜，完成了200多万元投资的泵站改造更新，但仍然难以满足缺口，下步工作只有等纳入全省农田水利综合改革试点县后才能进行。对此，建议中央及地方对小型水利工程管护、养护

经费建立稳定的常年投入保证机制，按水田面积中央财政每年投入20元每亩，省、县每年配套10元每亩，列入各级财政预算，经费来源从各级土地出让收入或财政安排专项经费解决，短少部分群众自筹。

（二）用水户协会持续发展动能不足，农民参与意愿低

农民用水户协会组建容易，但要使其持续规范运行，还有许多困难，主要是自身造血功能不足，各级扶持不够，难以杜绝入会农户的“搭便车”行为，从而制约了协会职能的正常发挥。农民本应是农村小型水利基础设施建设和管护的主力军，也是最大的受益者，但由于农地碎耕所产生的经济效益较低，农地抛荒现象在农村日益加剧，农民对小型水利设施关注度持续下降，主动管护意识日渐淡薄。对此，未来改革不仅要重点关注土地碎耕和相互插花对集体和规模灌溉的影响以及由此可能导致的“搭便车”行为，更重要的是解决城市化进程中农民耕作土地的积极性问题。

（三）利益驱动机制弱，市场主体不主动

双峰县农田水利工程具有规模小、数量多、分布广、季节性使用、管理经营难、投资回报率低等特点，由于利益驱动机制不健全，市场主体进入该领域需要解决的问题多、成本相对高，投资、使用、经营主体各自的利益保障不充分，导致市场主体参与不积极、社会资本进入难，从而使得农田水利工程产权制度改革的推进极易陷入后劲不足或流于形式的局面。对此，应借鉴其他地区的先进经验，积极利用民办公助、先建后补、税收优惠、政府与社会资本合作等方式，吸引社会资金投入农田水利建设；要继续深化水利产权制度改革，明晰所有权、放活经营权、保障收益权，促进农田水利设施良性运行、有效管护，增强改革的带动力和影响力。

附件：双峰县农田水利设施管护体制改革制度清单

1.《双峰县深化小型水利工程管理体制改革工作实施方案》

2.《双峰县全面深化改革项目化管理实施方案》

3.《双峰县小型农田水利建设重点项目村遴选方案》

4.《双峰县村级水利员队伍建设实施方案（试行）》

5.《双峰县小型农田水利工程建设以奖代补办法》

6.《2013年双峰县冬修水利工程验收奖励实施细则》

7.《双峰县衡邵干旱走廊综合治理项目管理办法（暂行）》

8.《双峰县衡邵干旱走廊综合治理规划实施及“四自”试点县工作方案》

9.《双峰县小型农田水利设施管护办法（试行）》

10.《双峰县小型农田水利工程质量监督管理办法》

11.《双峰县小型水库管理办法》

12.《双峰县中小河流堤防管护办法》

13.《双峰县农村饮水安全工程运行管理办法》

14.《双峰县小型水利工程安全管理制度》

15.《甘棠镇农民用水户协会章程 》

16.《甘棠镇小型水库管护公司章程》

17.《甘棠镇为民水库管护公司章程》

18.《农村小型水利工程分类管理制度》

19.《洋荆灌区农民用水户分会章程》

20.《关于加强农民用水户协会建设的实施意见》

21.《双峰县重点小型水利工程建设现场管理暂行办法》

22.《双峰县农田水利设施产权制度改革和创新运行管护机制试点实施方案》

23.《双峰县深化小型水利工程管理体制改革试点工作实施方案》（2014年4月、2015年7月）

24.《双峰县人民政府办公室关于加强农民用水户协会建设的实施意见》

化被动为主动　破解四大难题

——南县南红村创新水利工程管护的长效机制

【操作规程】

一、工作步骤

（一）明确改革思路

（1）确立“多用民力、少用民财”的指导思想。实行以人为主、人机结合、分类实施的工作机制。要以小组为单位组织人工作业，科学合理分配劳动资源，提高工作效率。

（2）发挥民主决策。首先需确定规划，实地勘察，确定整修项目并进行匡算；其次就年度的整修资金、管护经费进行公示公布，充分征求群众意见；再次通过表决确定收费方案；最后工程建设并竣工验收。

（二）多元化募集改革所需经费

视情况采取农户筹劳筹资，社会捐赠，拍卖经营权、管理权，政府奖补，工程承包主垫资等方式募集资金。

（三）建立水林路卫综合管理机制

制定水（水利建设）林（绿化建设）路（公路建设）卫（环境卫生）长效管理机制的相关细则，采用分段管理和综合管理相结合的方式，保证水畅、林绿、路通、卫生。

（四）完善考核机制

建立农田水利基本建设评比考核办法以调动水利建设的积极性，对各项工作的落实情况设置考评计分措施，根据排名前后可设置不同奖励标准。

二、工作流程

南县南红村水利工程管护机制改革流程如图 4－5 所示。

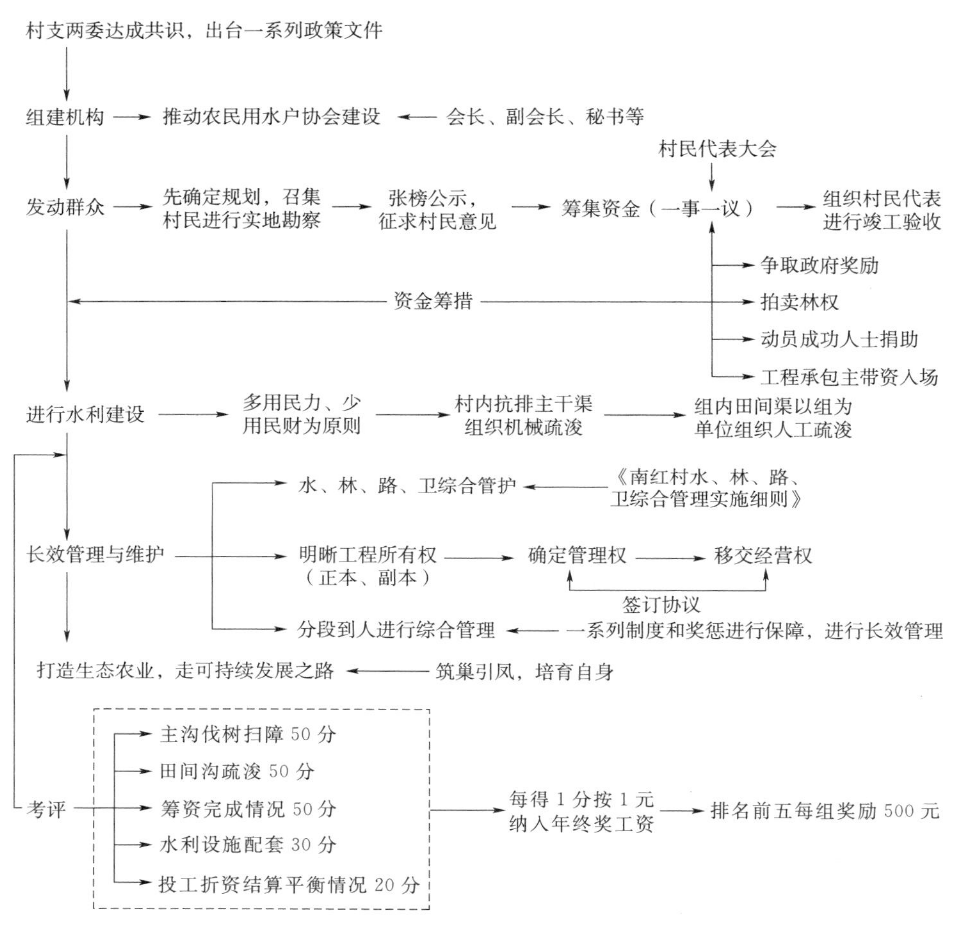

图 4－5　南县南红村水利工程管护机制改革流程图

【典型案例】

党的十九大报告中两次提到了“乡村振兴战略”，并将它列为决胜全面建成小康社会需要坚定实施的七大战略之一。党的十九大报告同时提出，要坚持农业农村优先发展，加快推进农业农村现代化，构建现代农业产业体系、生产体系、经营体系，培育新型农业经营主体，健全农业社会化服务体系。乡村振兴，水利先行。检验水利改革的成败，村级水利建管体制机制是否运行顺畅是最直观的标准。因此，与其他报告较为宏观的聚焦于县级水利改革不同，本报告在对南县农田水利改革进行一般性考察的基础上，重点选取该县较为成功的南红村作为样本，来考察基层水利改革成果在最基层的落地生根状况。

一、南红村农田水利改革的基本背景

（一）南县农田水利改革的主要进展

南县隶属于湖南省益阳市，地处湘鄂两省边陲，洞庭湖区腹地，北与湖北省石首、公安、松滋相连，西接常德市的安乡、汉寿两县，东临岳阳市的华容县，南与益阳市的沅江市隔河相望，东南与大通湖、北洲子、金盆、南湾湖、千山红等几大农（渔）场连成一片，为湖南省36个边境县之一。全县地势低平，系洞庭湖新淤之地，地势自西向东南微倾，平均海拔28.8米，高差不足10米，除明山、寄山两处山冈外，属于典型的平原地形，平原面积占总面积的99.97%。南县境内土地肥沃，5条自然江河流贯其中，域内河渠纵横、湖塘密布，水域面积占总面积的1/3以上，有“洞庭明珠”之誉。全县辖12个乡镇、133个行政村、33个社区，总人口70.52万人，土地总面积1059平方公里，其中耕地面积484平方公里。

2014年年底，南县被确定为“小型农田水利设施产权制度改革和创新运行管护机制试点县”，主要任务是研究探索将财政投资形成的农田水利设施资产转为集体股权，或者量化为受益农户股份的有效方法。力争利用三年时间，实现农田水利设施“产权明晰、权责落实、经费保障、管用得当、持续发展”的总目标，形成一批产权清晰、管理规范、运行良好的示范工程，形成多元化的农田水利设施产权制度和有利于农田水利发展的建设管理机制。试点启动后，南县专门成立了农田水利设施产权制度改革和创新运行管护机制试点工作领导小组，并进行了试点单位的审定工作。通过实际调研和排队对比，选定了麻河口镇全镇为试点区域，其中该镇6个村及浪拔湖镇南红村、武圣宫镇德丰村、乌嘴乡长春村作为试点工作的重点村。到2017年年初，南县基本完成了农田水利设施产权制度改革和创新运行管护机制试点工作。

试点过程中，南县先后出台了《南县小型农田水利工程建设管理一体化实施方案》《南县小型农田水利工程建设项目投资奖补暂行办法》《南县小型农田水利工程建设管理公开公示制度》《南县小型农田水利工程管护绩效考评暂行办法》等16个政府文件，并进行了一系列体制机制的建立工作，各文件名称见表4-7。

表4-7　南县出台的试点方案及配套规范性文件一览表

序号	文件名称	文件批号
1	南县农村水价改革办法	南政办函〔2016〕61号
2	南县农村灌溉水权管理办法	南政办函〔2016〕62号
3	南县小型农田水利工程建设项目投资奖补暂行办法	南政办函〔2015〕30号
4	南县小型农田水利工程建设奖补资金管理及实施细则	南水建〔2016〕01号
5	南县小型农田水利工程运行管护绩效考评暂行办法	南政办函〔2015〕31号
6	南县小型农田水利工程建设管理暂行办法	南政办函〔2016〕38号
7	南县小型农田水利工程设施所有权登记移交及使用权交易流转实施暂行办法	南政办函〔2016〕39号
8	南县灌排渠道管理暂行办法	南政办函〔2016〕40号
9	关于鼓励和扶持农民用水户协会等专业合作组织发展的实施意见	南政发〔2014〕12号

（1）推动农民用水户协会建设。引导12个乡镇组建了12个乡镇农民用水户协会，并推选了协会理事会成员，每个协会有6～7人、会长1人、副会长4人、秘书1人，并以行政村区域组建了304个村级农民用水户协会办事处，选举产生了各办事处负责人。共投入91万余元用于协会的组建及发展。2015—2016年，通过协会完成小型农田水利工程建设资金1253.36万元，改善灌溉面积13.65万亩，受益人口达2.86万人。

（2）明晰移交工程产权。秉承权责一致，明晰所有权、界定管理权、搞活经营权、落实管护主体和责任的精神，按照“谁投资、谁所有，谁受益、谁负担”的原则，颁发《南县农田水利设施所有权证》149份，发证率达100%。印发了939份《南县农田水利设施管护责任书》，落实管护主体和责任，使小型农田水利工程有了“当家人”。移交过程中采取“四坚持原则”：一是坚持依法移交。对法律法规规定由乡镇人民政府、县级及以上水行政主管部门或其授权单位管理的农村水利工程，财政投资形成的资产移交转化为农村集体产权或新型主体产权按照有关规定进行移交。二是坚持统筹移交。对财政投资形成的资产移交，要有利于最大化发挥工程效益和工程管护，合理确定移交对象、方式等。三是坚持分类移交。对财政投资在建的水利资产待建成后移交；未进行竣工验收的暂不移交；对拟移交对象经营管理条件不完备、机制不健全的暂不移交。四是坚持公开移交。积极引导群众参与制订移交程序、移交方式、移交后管理等，确保各个环节公开透明。本次改革共移交小型泵站1783处，渠道17331条，小型涵闸2302处，山平塘712处，农饮水厂42处。南县水利工程所有权证书分为正本和副本，正本主要体现渠道的数量和编号，副本记载集体工程和位置规模，包括受益面积和受益人口，两证登记和资料统计的篇数相统一。通过产权确权、划分情况的公示和公布以及产权证的发放，各村明确村属水电工程的范围，对水利设施的维护更加积极。

（3）创新运行管护机制。一是建立落实工程管护机制的长效机制。确立了“工程产权所有者筹集为主，政府绩效考核进行奖补为辅”的机制。强化责任落实，实行一个试点项目、一名领导落实、一套专门班子主抓的“三个一”责任制。强化协调联动，定期不定期召开领导小组会议和专题会，研究分析解决改革试点过程中遇到的新情况、新问题，确保试点工作有序推进。二是建立政府绩效考核为基本依据的奖励办法。南县专门出台了工程运行管护绩效考评的办法，考评结果作为小型农田水利建设奖补资金依据。

（4）多渠道筹集管护资金。针对以往管护资金缺口较大的问题，县财政专门列支400万元，对农田水利设施管护较好的村按比例给予奖补，确保小型农田水利工程良性运行。

南县采取了一系列小型农田水利建设的措施，为农田水利带来了新的活力。近几年来，南县共衬砌渠道259条255.89公里，新建节制闸167处、分水闸181处、过路涵339处，新建泵站13处，改造泵站27处，项目区新增灌溉面积7194亩，改善灌溉面积31298亩，新增节水灌溉面积31600亩，节水效益66万元，农民人均年增收245元。这其中，浪拔湖镇南红村就是一个典型例子，本着因地制宜的理念，该村探索出了一条大干水利、增产增收的新路子。

（二）南红村改革前的基本情况

南红村位于南县浪拔湖乡南鼎垸中东部，辖18个村民小组，总面积4285亩，共有596个农户、2328人。南红村地处偏远，交通不便，群众居住条件差，经济发展制约因素较多，整体经济发展水平在南县又处于相对落后的水平。南红村基本上是平原区域，在农业种植上高度依赖水利，但近年来，随着当地的种植业规模不断扩大，对灌溉用水的需求也不断增加，仅仅依靠传统老旧失修的农田水利设施，已经无法满足农村日益增长的灌溉用水需求。

南红村被指定为试点核心单位以来，以此为契机，全村兴起一股大干水利的热潮。2017年1—3月，举全村之力，大力实施以渠道疏洗为主的综合水利工程建设，共投入建设资金41.58万元，移动土石方4.35万方，疏洗主干渠21.6公里、田间渠34.8公里，新修机耕道9580米，新建和维修大小涵闸、剅口、桥梁157处，渠道植树造林3500多米，实现了水利建设投入资金超历史、建设规模超历史、工程质量超历史、工程效益超历史的“四个突破”。

二、南红村进行农田水利改革的主要做法

南红村农田水利改革主要聚焦于基层农田水利改革中普遍面临的聚人心难、筹款项难、管护难、生态保护难、农民增收难等难题，探索了一条适合平原地区农民增产增收的“南红道路”。

（一）充分发动群众，破解“聚人心”的难题

现在的南红村是在2016年农村综合配套改革中由原南红村和新舟村两村合并而成。合并前的两村本身水利基础设施就不太好，合并后也无多大改观，渠系严重不配套，加之渠道淤塞严重，效益严重衰减。特别是受全球金融危机冲击，作为南红村主要经济作物的棉花有价无市，群众收入锐减，人心不稳，迫切希望调整生产结构，发展粮食生产。但反过来，由于南红村水利设施基础不佳，农业产业结构调整面临着较大困难。南红村支两委高度认识到水利设施建设对于农业的重要作用，认为

只有充分发动群众，大搞水利建设，才能达到发展生产，促进合村、合心、合力目标的实现。

在具体操作上，主要分四步走。一是确定规划。召集村民代表到实地勘察，把年度要进行整修的水利项目定下来，进行匡算。二是张榜公布。就年度的整修资金、管护经费进行公示，充分征求村民们的意见。三是筹集资金。项目定下来后，通过村民代表大会利用一事一议确定收费方案。四是竣工验收。工程完成后，由村民代表进行验收，做到环节透明、公开公正。通过把住施工单位的遴选关，晒出资金管理的明白账，突出实施阶段的公示牌，管护的长效机制也就迎刃而解。

例如，2016 年 12 月底，南红村组织召开了有 118 人参加的村民代表大会，会上提出了“一事一议”干水利的大致思路，村民代表对“搞不搞、怎么搞”的问题进行了热烈讨论和激烈辩论。村支两委以画“正”字的形式实行现场民主表决，最终以 109 名代表同意并通过了村支两委的工作意见，形成了组织实施方案，初步形成了大搞水利建设的共识与合力。会后，村支两委将《告全村人民书》送达各农户，广泛宣传水利建设的必要性、重要性和具体实施办法，做到深入人心。同时还制订了《南红村水利建设意见书》，对大干水利建设由各户逐一表态签字。最初有 37 户持有异议而没有签字，针对这一状况，南红村实行责任包干，由村组干部、党员和村民代表上门做耐心细致的思想工作，最后全村农户的签字同意率达到了 99%以上，全体村民大干水利建设的思想得到高度统一，真正做到了既尊重村民意愿，又不违反上级减负的政策，为南红村大干水利奠定了良好的群众基础。

（二）坚持多措并举，破解“筹资金”的难题

群众思想认识统一后，最大的难题是钱的问题。钱从哪里来？经过深入调查和认真研究，南红村决定通过多条途径筹措资金。

（1）发动群众“筹”。随着“两工”的取消和减负政策的不断深入，“筹资筹劳、一事一议”办水利已经越来越困难。但南红村根据本地实际情况，尤其是办水利也要做到“兵马未动、粮草先行”，确立了“多用民力少用民钱，群策群力共同治水”的指导思想，按农户实际土地面积筹劳筹资，每亩投入水利工 0.2 个或投资 20 元，做到“有钱出钱，无钱出力，无钱无力出个好主意”。这是南红村水利建设筹资最主要的方式。例如，为拓宽永吉湾电排18组抗旱渠，解决3组、4组、5组、6组、18组抗旱死角和疏浚32公里主干渠，需要自筹资金20多万元。南红村召开了“水利设施维修养护”村民代表会议，72名村民代表实到69人，同意每亩收取20元水利管护费的有66人，决议生效，补充了资金缺口的问题。

（2）拍卖林权“凑”。将村级沟、渠、路的林权经营权进行公开拍卖，拍卖收入用于沟渠疏洗，实行“以渠养渠”。

（3）动员成功人士“捐”。利用在外的南红籍成功人士回乡省亲之机，召开南红村村支两委、村民代表和返乡人士参加的联谊会，主动向他们介绍南红村的水利现状、大干思路和资金缺口，募集水利资金。如原籍11组的曹国文先生捐款5万元修建文锦渠985米，原籍7组的杨双喜先生捐款1万元修建田间渠和机耕道2843米。

（4）争取政府“奖”。春修战役正式打响后，南红村积极向县、乡两级政府汇报工程建设情况，引起了领导的高度重视，多次下村实地视察，下拨“以奖代投”资金给予鼓励支持。

（5）要求工程承包主带资入场“垫”。对机械实施部分公开进行招投标，同时要求中标工程老板按建设资金的一定比例，先行垫付，以后分期结算。通过采取这些综合措施，基本解决了无钱办水利的问题。

（三）强化组织措施，破解“如何干”的难题

在水利建设款项基本落实以后，南红村掀起了春修大会战。为了确保整个建设公开、民主、透明进行，既使群众踊跃参与，又使群众放心满意，南红村创造性地开展工作，由村民民主推荐产生了南红村水利建设协会，全权负责组织全村水利建设的筹劳筹资、工程施工、工程监质及工程结算，真正还权于民。具体有以下两种做法：

（1）科学合理分类施工。按照多用民力、少用民财的原则，实行以人为主、人机结合、分类实施，村内抗排主干渠组织机械疏浚，组内田间渠以组为单位组织人工疏浚，最大限度地争取时间、扩大效益。

（2）严密制定考评措施。为充分调动全村大搞水利建设的积极性，建立了农田水利基本建设评比考核办法，落实200分的考评措施。对主沟伐树扫障、田间沟疏洗、筹资完成情况各分配50分，对水利设施配套、投工折资结算平衡情况分别分配30分和20分，每得1分按1元标准计算纳入组长年终工资。凡组内田间渠疏浚任务能够按时按质按量完成，且排名前5名的，每组奖励500元，予以兑现，充分调动了组长和群众的积极性。

（四）建立综合管理长效机制，破解“怎样管”的难题

水利工程“三分建、七分管”，为解决长期以来存在的“重建轻管”“只建不管”问题，根据中央新农村建设“生产发展、生活宽裕、乡风文明、村容整洁、管理民主”的“二十字”方针的要求，南红村制定了《南红村水、林、路、卫综合管理细则》（即水利、林业、公路、卫生），2014年起，村里制定了水（水利建设）林（绿化建设）路（公路建设）卫（环境卫生）长效管理机制，分段到人进行管理，共分18段，18人对四方面进行综合管理，制定了一系列制度和奖惩，大型的渠道2～2.5元每米，小的沟渠0.8元每米，量化到每项工程每个沟道每个人。保证每条水道的畅通，从头看到尾，没有漂浮物（水畅）；每条路没有路障（路通），绿化修剪（林绿），清洁卫生。每个季度进行评比打分，量化管理。三年后南红村发生了深刻的变化，四方面都有了很大的改善，环境改善，水利兴建，带动了经济发展。

三、南红村进行农田水利改革的成效与经验

（一）南红村农田水利改革的主要成效

南红村大干水利的做法取得了经济、社会和环境效益“三本账”上的显著进展，具体主要体现在以下几个方面。

1.“水害损失账”和“抗旱支出账”明显减少

2017年上半年，南红村遭遇了三次日降雨量都在100毫米左右的暴雨和大暴雨袭击，如在过去年份，至少造成受灾面积5000亩，严重渍害面积2800亩，直接灾害损失50万元；而2017年三项指标分别只有930多亩、300多亩、8万元，同比下降81%、89%、84%。在抗旱费用方面，同期1—8月年均抗旱费约35800元，而2017年1—8月抗旱费用支出只有2.12万元，同比下降38%；常年二级和多级提水面积1850亩，2016年只有500多亩，同比下降73%。

2. “群众和谐账”和“村民增收账”显著增加

在促进和谐新农村建设方面，南红村平常年份每年水事纠纷有20多起，严重渍涝灾害年份多达50多起，引发大量邻里争议乃至暴力冲突。经过水利大修之后，水畅其流。并且通过大干水利，村组干部威信大大增强，民风大大改善，群众和谐相处，极大地弘扬了社会主义核心价值观。南红的经验，首先已在浪拔湖镇全面推广，在全县也正在形成燎原之势。

在促进农民增产增收方面，水利状况的改善，也打开了村民持续致富的新大门。一方面，南红村积极筑水利之巢，引产业之凤，通过“输血”带动本村经济发展和农民增收。例如，2015年12月15日，广州市润绿正品农业有限公司副总经理黄寅初先生来南红村做客，看到村里水利条件好，立刻表态要在南红村建蔬菜基地，2016年3月，该公司利用2851亩流转土地种植四季花菜；2016年11月，湖南邦富农业发展有限公司又来村流转农田1850亩发展“油蔬两用”基地。2016年度，两家公司疏浚沟渠4526米，新修机耕道2624米，涵闸剅口19处，投入建设资金56540元，又反过来促进了南红村农田水利管护的持续改善。同时，两公司安排村民就地打工156余人，使8户贫困户一年脱贫致富，为村民增加收入582万元，人均增收2500元，全年经济增长28.5%，很好地证明了兴修水利就是发展经济。

另一方面，南红村还大力发挥“造血”功能，鼓励村民增产增收。2015年，该村只有一个农民合作社，到了2016年先后有7家农民合作社落户南红村，带来的8000多万元资金撬动了2.7个亿的经济周转。他们引进的规模化产业化运作，使流转的2000多亩农田效益倍增。例如，利用南红村四面环水、土地肥沃、远离污染、生态环保等得天独厚的地理优势，于2013年牵头成立“南县南红稻虾专业合作社”，陆续流转稻田达1000余亩，合作社成员112户。2015—2016年，合作社与县畜牧水产局一起组织举办“稻虾共生”种养技术培训班5期，采用“稻虾共生”种养模式生产小龙虾和富硒水稻。合作社本着“洞庭明珠，生态南县”的发展理念，进行标准化、专业化生产打造富硒生态产业园，先后在国家工商部总局注册了“洞庭南红”牌富硒五彩米、香米等系列农产品，还培植了稻鸭、稻蛙等多种生态农业模式。洞庭南红生态富硒系列大米，在生长育苗期、破口期和灌浆期，先后3次增施硒肥，将无机硒转化为有机硒，种养过程零使用化肥、农药和除草剂。经权威部门检测，洞庭南红富硒米硒含量比普通大米高11倍，重金属镉的含量只有国家最低标准的1/3。南红村“虾稻富硒米”产业发展在经济、生态、社会效益方面取得了明显成效。经济效益方面，据2016年稻虾种养户调查统计，1051亩实施稻虾共生种养稻田富硒五彩米单产246千克每亩，食用小龙虾鲜货单产为128千克每亩，亩均综合产值6512元，与常规一季稻区相比，亩净增收5012元。2016年南红村稻虾共生种养面积1051亩，产虾13.5万千克、产富硒五彩米25.9万千克，综合产值达696万元，户均收入达6.21万元。在社会、生态效益方面，主要是规避了部分自然灾害带来的损失，实现了低洼稻田综合利用；技术推广促进了生产全程清洁化，极大减少了农药、化肥等有害投入品的使用，减轻了环境污染；工程措施扩大了水涵养面积，科学合理地保护了湿地资源。

3.“环境效益账”和“美丽乡村账”日益加大

通过实行水、林、路、卫综合管理责任，南红村建立了“怎么管”的长效机制，在新农村建设工作中与县、镇紧密配合，通力协作，争资金，引项目，组织群众实施了新村建设、道路建设、沟渠改造、新增路灯等一系列便民利民项目，使得村容村貌显著改变，让群众感受到了新农村建设的成果，拉紧了干群之间的关系。水、林、路、卫管理责任牌示范如图4-6所示。同时，南红村无论是外来农业产业还是本地“虾稻富硒米”产业，都属于生态农业，其产品也主打生态无公害特色，因而在减少农业面源污染方面也发挥了重要作用。南红村也因此被授牌“省级美丽乡村建设示范村”以及农业部“美丽乡村创建试点村”，从而走上了一条经济、社会可持续发展的道路，也为社会主义新农村建设提供了一个较好的样本。

（二）南红村农田水利改革的基本经验

纵观南红村大干水利、脱贫致富的历程，大致可以总结出以下几条可资借鉴的经验。

图 4-6　南县南红村水林路卫管理责任牌

1. 化被动为主动

实现了从“要我建”到“我要建”的转变，其中也离不开具有威信和远见的村组干部的强力推进。南红村村支两委高度认识到南红村的区位劣势（地处偏远、交通不便、经济发展落后）和优势（四面环水、土地肥沃、远离污染、生态环境良好），得出南红村要想获得大发展，必须先修水利、主动出击的结论。

尽管随着“两工”的取消和减负政策的不断深入，“筹资筹劳、一事一议”办水利已经越来越困难，但南红村认为，面临无钱办水利的困境，要想大干水利，就得像办公司、做买卖一样，必须自己先出资、出力、出主意，走出当前困局。这其中，离不开村支两委、村组干部的大量投入和付出。而其中最为关键的是，南红村村支两委认识到村民致富、水利先行的重要性，利用自己的威望和威信，在可能引发一系列争议的问题上，通过“一事一议”机制和单独做工作相结合的模式，获得了村民在大干水利上的共识。同时，在发展生态农业上，村支两委和党员干部也积极发挥党员模范带头作用。例如，原村支部书记于 2013 年牵头成立了南红稻业专业合作社，陆续流转稻田达 1000 余亩，合作社成员 112 户，打造了富硒五彩稻、富硒土鸡蛋、富硒菜籽油等生产基地，还与石首市金祥米业有限公司合作打造了富硒米加工基地，注册了“洞庭南红”牌富硒五彩米、香米等系列农产品，取得了良好的经济效益和示范效应。

2. 南红村水利改革自发遵行了“山水林田湖草生命共同体”的思想

2013 年 11 月，习近平总书记在党的十八届三中全会上作关于《中共中央关于全面深化改革若干重大问题的决定》的说明时专门指出：“我们要认识到，山水林田湖是一个生命共同体，人的命脉在田，田的命脉在水，水的命脉在山，山的命脉在土，土的命脉在树。”四年后，习近平总书记生命共同体理念又有了进一步的拓展。2017 年 7 月 19 日，习近平总书记在主持召开的中央全面深化改革领导小组第三十七次会议上强调：坚持山水林田湖草是一个生命共同体。在党的十九大报告中，习近平总书记再次强调，“人与自然是生命共同体”“统筹山水林田湖草系统治理”。这表明，只有坚持系统思维，才能真正实现生态文明建设的目标。南红村水利建设和改革的实现，尤其是水、林、路、卫综合管理长效机制的建立，正是自发运用了习近平总书记“人与自然是生命共同体”“山水林田湖草系统治理”的指导思想，从而取得了良好的成效。南红村的这一做法，为建立农田水利工程的管护机制提供了一个好的思路和做法：如果采取其他地区单一聘用专人对农田水利设施进行管护的方法，由于待遇太低，很难找到合适的人选；同时，由于只关注农田水利设施的清淤等末端工作，而不关注水利工程沿途的水土保持和环境卫生等工作，实际上会使得农田水利工程的管护面临更多的障碍。而采取水、林、路、卫一体管理，可以提高专门管护人的积极性（年均收入 3000～5000 元，根据管护效果进行奖励或者处罚；而其他专门进行水利设施管护的收入为 1000 元左右），从而以最小成本实现了系统治理的目标。

3. 以市场为导向引导农田水利工程效益最大化

南红村坚持以市场为导向发展现代生态农业，着力改善原先落后的基础条件和生态环境，带动贫困户增收脱贫致富，实现了由外在输血式扶贫到内生造血式扶贫的根本转变，并形成了农业生产和水利建设的良性互动。例如，广州市润绿正品农业有限公司在南红村的种植基地主要种植无公害西兰花等高端蔬菜作物，专门供往广东，其经济效益较高。为保证蔬菜能够快速运输，该公司出资修建了村内 5 米宽的水泥路；为保障蔬菜灌溉，该公司对流转土地内的农田水利工程进行日常维护；同时，由于蔬菜种植需要大量劳动力，又解决了当地剩余劳动力尤其是老人、妇女的就业问题；因为土地基础条件较好，原土地承包经营权人可以获得600～1200元每亩不同的土地流转费用。对于稻虾共生养殖，南红村和种植、养殖户也积极开拓市场，到长沙、岳阳、广东等地考察终端市场，直接联系终端客户。在拓展销路的同时，减少中间环节，为养殖户谋取了最大利益。

四、南县及南红村农田水利改革面临的挑战及建议

（一）农民用水户协会的持续发展仍面临着动能不足的问题

农民用水户协会的职责主要是指导乡村水利工程建设具体操作过程中的程序、收费、监督办事处的公开公示，包括村内的工程建设维修养护的费用，以及监督各村办事处的费用收取。由于水利设施建设后需要有专人进行维修和养护，可以利用农民用水户协会进行常规管理，但主要问题在于资金不足和农民观念落后，缺乏国家和政府的资金支持和农民的配合，农民用水户协会的工作人员没有任何报酬，则难以良性运转。当地干部群众普遍认为，农民用水户协会的发展方向很好，但缺乏国家的扶持不能良好运行，希望国家在资金管理中给予一些政策或投资的支持。

（二）“工程产权所有者筹集为主，政府绩效考核进行奖补为辅”机制运行中存在较大阻力

南县及南红村水利设施老旧不完善的状况依然存在，国家对小型农田水利设施的投入严重不足，致使目前小农水设施老旧、破败、毁损严重。群众对自建自管一下子难以接受，依靠群众自筹难以改变目前的现状；南县作为经济比较落后的县，财政实力薄弱，单靠县级财政进行奖补存在困难。因而，国家需要加大对小农水建设的投入，对积极自筹开展农田水利工程建设与维护管理的，上级加大资金奖补力度或给予政策支持，不设资金投入卡口，发挥受益区的组织或农民自主进行水利工程建设的积极性，使小农水设施恢复到能正常使用的状况并完善水利设施配套工程，然后移交群众自主建设、自主管理，这样才能提高群众的建管积极性，使群众对农田水利工程建设由“等、靠、要”的思想转变成

“主动投入、自主管理、自我发展”的主动意识，步入良性循环。

附件：南县制度清单创新水利工程管护制度清单

1.《南县农村水价改革办法》

2.《南县农村灌溉水权管理办法》

3.《南县小型农田水利工程建设项目投资奖补暂行办法》

4.《南县小型农田水利工程建设奖补资金管理及实施细则》

5.《南县小型农田水利工程运行管护绩效考评暂行办法》

6.《南县小型农田水利工程建设管理暂行办法》

7.《南县小型农田水利工程设施所有权登记移交及使用权交易流转实施暂行办法》

8.《南县灌排渠道管理暂行办法》

9.《关于鼓励和扶持农民用水户协会等专业合作组织发展的实施意见》

10.《南县小型农田水利工程建设管理一体化实施方案》

第五章

水利投融资体制改革

资金不足是长期以来制约基层水利事业发展的重要因素，如何通过深化投融资体制改革，拓宽资金融通渠道，提高资金配置效率，增强资金保障能力，对于水利事业发展与水利体制机制改革，都具有重要意义。作为全国水利改革综合试点省份，湖南省2017年加快了水利投融资改革力度，在创新水利投融资支持服务方式、转变资金分配模式、推进社会资本引入机制等方面进行了诸多探索和尝试，取得了明显成果，主要表现在：进一步完善了以公共财政投入为主体的水利多元投融资模式，组建的省级水利投融资平台——湖南水利发展投资有限公司资产实力大增并运行良好，全国率先成立的水利发展投资基金为各类水利工程项目建设融资发挥重大作用。采用PPP模式吸引社会资本或者引导农业公司、受益农民通过“以奖代投”“以奖代补”“一事一议”等政策，参与农村安全饮水、防洪薄弱环节治理、农田水利建设等中小型水利工程建设和管护工作，并涌现出“汉寿江东湖地表水厂PPP项目”“望城水利建设投资管理有限公司多元化融资”“涟源桥头河镇引入农业公司全程参与小农水项目建管护”等一批先进典型。湖南省水利投融资体制改革所取得的成效有力地保障了洞庭湖综合治理、蓄洪垸堤加固、莽山等大型水利枢纽工程的建设，也为广大农村中小型水利工程的建管护、武陵山区和罗霄山区等贫困地区水利扶贫工程带来了资金活水源头。但是我们也要看到，湖南省水利投融资体制改革仍有很多不尽如人意的地方，最主要的问题表现在以下三方面：一是稳定的水利投入机制尚未形成，水利建设投资需求仍有较大缺口；二是市场机制在水利建设方面的作用尚未充分发挥，水利建设投资结构中社会资本比重偏低；三是不少县市还没有自己的水利融资平台，现有的县市融资平台大部分融资渠道和融资模式单一，造血功能不足，水利建设投融资创新能力有待加强。

今后，湖南省将针对上述问题进一步深化水利投融资体制改革，通过三方面的政策和措施，加强水利建设投融资创新能力，充分发挥市场机制作用，着重完善水利投入稳定增长机制。一是继续完善公共财政水利投入政策。加大各级财政预算，保障水利支出，进一步落实从土地出让收益中计提农田水利建设资金的政策。进一步加强水资源费、水土保持补偿费等筹集管理，促进水利规费的依法征收和有效利用。积极拓宽水利建设基金来源渠道，推动完善政府性水利基金政策。二是健全完善水利金融支持政策。利用中央和地方财政水利项目贷款贴息政策，扩大水利建设项目中长期、低成本贷款规模。通过市场机制多渠道筹集建设资金，发挥开发性金融作用，用好过桥贷款、专项建设基金、抵押补充贷款（PSL）等优惠政策，拓宽水利项目融资渠道。推动水利基础设施建设纳入政府专项债务支持范围，进一步拓宽水利建设项目的抵（质）押物范围和还款来源。探索建立风险补偿专项基金和洪涝干旱灾害的保险制度。三是进一步鼓励和引导社会资本参与水利建设和管护。继续创新水利基础设施投融资体制，鼓励探索水利直接融资和间接融资，带动更多社会资本参与水利建设。发挥水利财政资金的撬动功能，积极发展BOT（建设、经营、移交）、TOT（转让经营权）等水利项目融资模式，推广政府和社会合作机制（PPP）。对经营性为主的水利工程，探索建立特许经营权制度。做大做强省级水利投融资平台，继续推进有条件的市县建立水利融资平台；发挥财政资金引导作用，综合采用“以奖代投”“以奖代补”“一事一议”等奖补政策，鼓励受益农民投资农村水利工程建设。

借力PPP建农村水厂
创农村饮水安全建管新方式

——汉寿县深入推进水利投融资体制改革

【操作规程】

加快水利投融资体制改革的核心要旨是要“坚持‘政府主导、市场补充、群众参与’的原则，拓宽水利投融资渠道”。重点是要建设水利融资平台公司，通过直接、间接融资方式，吸引社会资金参与水利建设，建立多渠道、多层次的水利投融资格局，形成有利于水利可持续发展的稳定投入机制。

一、工作步骤

（一）搭建水利融资平台

地方政府成立水利融资平台公司，明确水行政主管部门作为水利融资平台公司出资人代表，负责利用水利融资平台公司筹集水利建设资金，作为政府对水利建设投入的补充。

（二）扶持水利融资平台公司发展

（1）通过现金、资产、股权划转以及符合国家规定的水利资金注资水利融资平台公司，增强公司资本实力。鼓励公司通过收购、兼并、产权置换等方式盘活、重组水利资产。

（2）建立吸引社会资本新机制。对于准公益性水利工程，指定政府激励和补贴机制，鼓励政府部门以股权投资方式引导示范和带动社会资本投资水利建设，积极推进水利项目PPP（政府和社会资本合作）等融资模式。对于经营性为主的水利工程，探索建立特许经营制度。

（3）明确水利融资平台公司为水利建设专业融资平台，对接中长期政策贷款业务，作为重点水利建设项目的融资主体，并履行融资建设水利工程的项目法人职责。

(4) 合理确定社会资本参与方式及项目实施程序。根据不同类型的水利项目，在确保公共利益并保障投资者权益的基础上，通过多种方式(如独资、合资、联营、租赁、捐赠等途径，采取政府和社会资本合作、委托运营、债转股等)，鼓励和引导社会资本参与农田水利设施建设、运营和管理。完善绩效考评机制，健全退出机制，确保管护效果。

(5) 扶持条件成熟的公司上市融资或发行大型水利基础设施建设债券。

(三) 利用优惠政策扩大融资规模

(1) 充分运用财政贴息、中长期政策性贷款、收益权质押贷款、设备设施融资租赁等优惠政策，大幅度增加水利建设信贷资金。构建政银合作协调机制，加强与金融机构的合作，以水利融资平台公司为承贷主体，研究提出水利项目贷款规模、贷款方式、还款来源、资金投向等方案和财政贴息办法。对已纳入规划的公益性和准公益性水利项目，由水利融资平台公司先行贷款建设，各金融机构放宽贷款条件，提供优惠利率。公益性项目融资由财政安排部分贴息资金，鼓励金融机构增加信贷资金。

(2) 积极开展水利项目收益权质押贷款等多种形式融资。对于具有未来收益的经营性项目，以项目未来的收益或收费作为担保进行融资。探索发展大型水利设备设施的融资租赁业务。

二、工作流程图

汉寿县水利投融资体制改革流程如图 5-1 所示。

【典型案例】

一、改革背景

江东湖地表水厂 PPP 项目是湖南省首家 PPP 模式农村水厂，在汉寿县政府的推动下，采用 PPP 模式引入社会资本，有效缓解了汉寿县政府

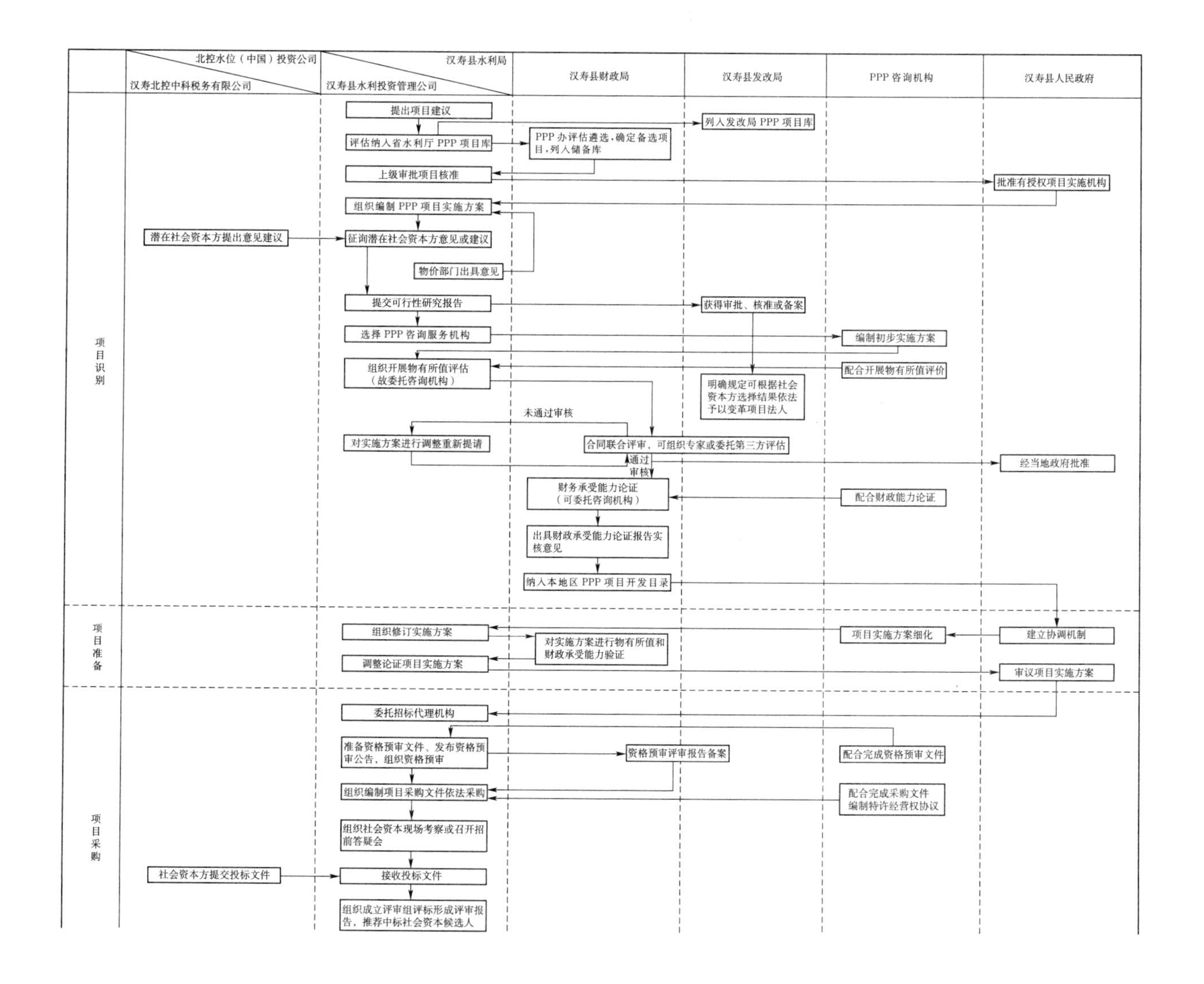
北控水位（中国）投资公司
汉寿北控中科税务有限公司
汉寿县水利局
汉寿县水利投资管理公司
汉寿县财政局
汉寿县发改局
PPP咨询机构
汉寿县人民政府
项目识别
提出项目建议
列入发改局PPP项目库
评估纳入省水利厅PPP项目库
PPP办评估遴选，确定备选项目，列入储备库
上级审批项目核准
批准有授权项目实施机构
组织编制PPP项目实施方案
潜在社会资本方提出意见建议
征询潜在社会资本方意见或建议
物价部门出具意见
提交可行性研究报告
获得审批、核准或备案
选择PPP咨询服务机构
编制初步实施方案
组织开展物有所值评估
（故委托咨询机构）
配合开展物有所值评价
明确规定可根据社会资本方选择结果依法予以变革项目法人
未通过审核
对实施方案进行调整重新提请
合同联合评审，可组织专家或委托第三方评估
通过审核
经当地政府批准
财务承受能力论证
（可委托咨询机构）
配合财政能力论证
出具财政承受能力论证报告实核意见
纳入本地区PPP项目开发目录
项目准备
组织修订实施方案
项目实施方案细化
建立协调机制
对实施方案进行物有所值和财政承受能力验证
调整论证项目实施方案
审议项目实施方案
项目采购
委托招标代理机构
准备资格预审文件、发布资格预审公告，组织资格预审
资格预审评审报告备案
配合完成资格预审文件
组织编制项目采购文件依法采购
配合完成采购文件
编制特许经营权协议
组织社会资本现场考察或召开招前答疑会
社会资本方提交投标文件
接收投标文件
组织成立评审组评标形成评审报告，推荐中标社会资本候选人

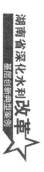

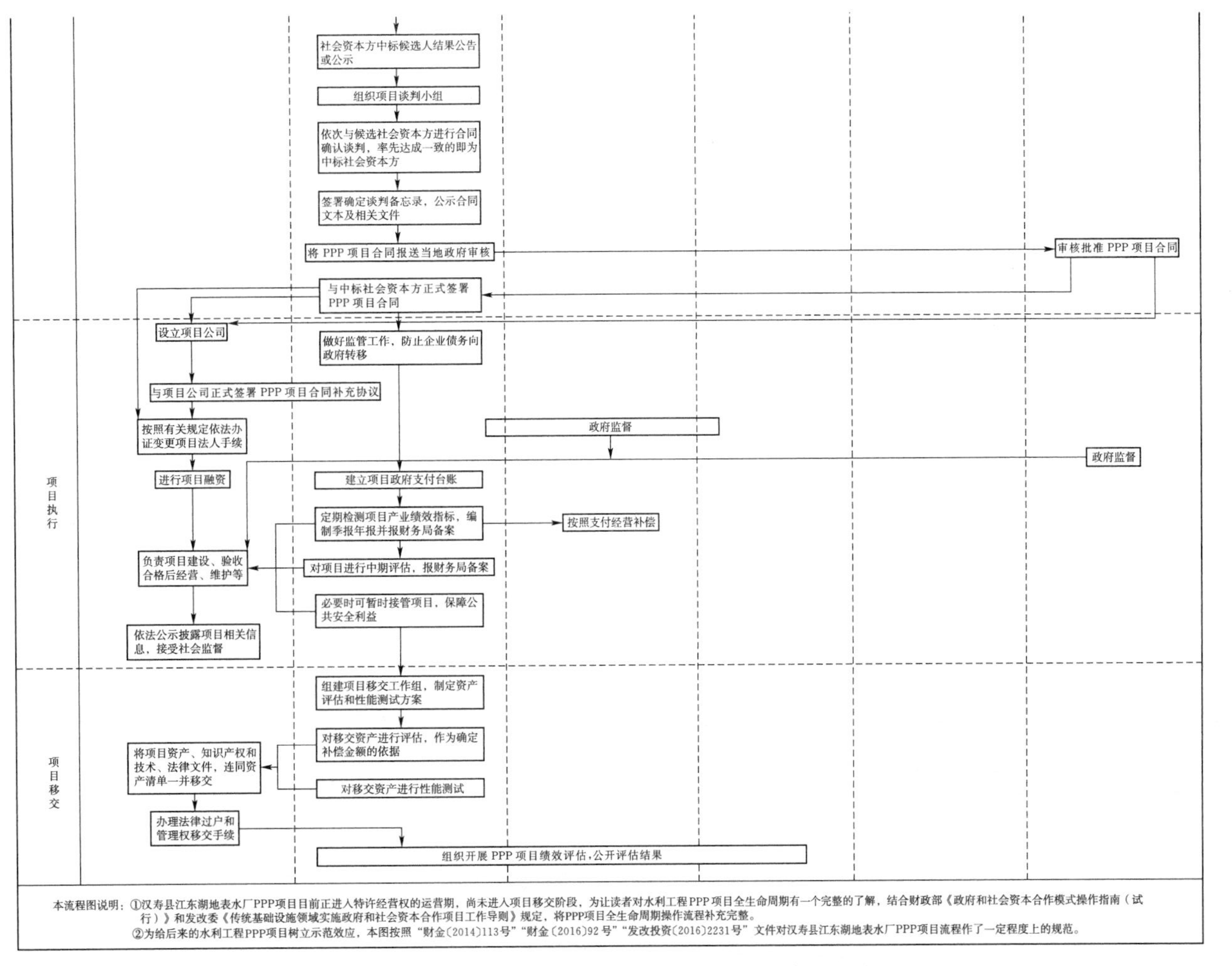

本流程图说明：①汉寿县江东湖地表水厂PPP项目目前正进入特许经营权的运营期，尚未进入项目移交阶段，为让读者对水利工程PPP项目全生命周期有一个完整的了解，结合财政部《政府和社会资本合作模式操作指南（试行）》和发改委《传统基础设施领域实施政府和社会资本合作项目工作导则》规定，将PPP项目全生命周期操作流程补充完整。

②为给后来的水利工程PPP项目树立示范效应，本图按照“财金〔2014〕113号”“财金〔2016〕92号”“发改投资〔2016〕2231号”文件对汉寿县江东湖地表水厂PPP项目流程作了一定程度上的规范。

图5-1　汉寿县水利投融资体制改革流程图

在农村安全饮水工程领域的投资压力，实现了汉寿县农村水厂建设投资主体多元化的突破，促进了技术进步和管理水平、服务水平的提升。

（一）汉寿县基本水文地理情况

汉寿县位于湖南省西北部，地处沅澧水尾闾、洞庭湖西滨，全县总面积2021平方公里，总人口83万人。县境内水域广袤、水系复杂，沅水、澧水等30多条河流纵横交织，目平湖、太白湖等70多个湖泊星罗棋布，江东市、颜家庙等209座水库镶嵌丘陵，年均径流量超过1000亿立方米，人均水域面积超过1亩。

受面源污染、血吸虫疫水污染和浅层地下水氟、砷、铁、锰严重超标等影响，全县83万人不同程度存在饮水不安全问题。2005—2013年，通过抢抓政策机遇，推动人饮建设，陆续解决了41.7万城乡居民的饮水不安全问题。

（二）项目背景

1. 国家加强农村饮水安全工程城乡一体化建设

《中共中央　国务院关于推进社会主义新农村建设的若干意见》指出，国家将加快乡村基础设施建设，着力加强农民最急需的生活基础设施建设。在巩固人畜水解困成果基础上，加快农村饮水安全工程建设，有条件的地方，可发展集中式供水，提倡饮用水和其他生活用水分质供水。城乡供水一体化、农村供水城市化是供水发展的必然趋势和长远发展方向。

2. 省市加快水利建设投融资机制改革创新

唯举社会之力，方兴利民之业。《湖南省水利厅深化水利改革领导小组2017年工作要点》中指出，要“推进社会资本引入机制创新：建立奖补机制、引导社会资本参与中型灌区、中型水库建设，探索社会资本投入水利建设机制创新，稳步推进社会资本参与水利建设”。《湖南省水利工程管理局2017年工作要点》的主要工作任务之一是“加快实施农村饮水安全巩固提升工程”，其中“积极推广PPP建管模式”是主要措施。“十三五”期间，农村饮水安全巩固提升工程管理体制重在从运作机制和融资机制两方面展开创新，实现城乡供水一体化建设工程繁重，耗资巨大，单靠政府投入，显然力不从心，必须向社会融资，建立股份有限公司，以现有供水系统的国有资产和建设期可供投入的财力作为政府股份，以融资双方均可接受的回报率吸纳社会资金。

3. 汉寿县农村饮水工程建设规划总体布局

2014—2015年，常德市启动了城乡饮水安全两年攻坚战，在全省率先提出了饮水不安全人口全部“清零”的目标，其中汉寿县任务人口为41.3万人。为了在短短的两年时间里解决这些人口的饮水不安全问题，汉寿县委、县政府科学制定、全力推进了“3＋X”的安全饮水“清零”攻坚战略，来解决全县83万人的饮用水安全问题。“3”是指相继兴建了日供水6万吨的龙阳、3万吨的沅泉、2万吨的江东湖3座大型地表水厂；“X”是指配套新建了日供水千吨的26处乡镇供水工程。

根据规划，江东湖地表水厂服务范围为朱家铺镇、丰家铺乡、东岳庙乡、三和乡、岩咀乡、太子庙及1个工业园区、株木山乡、崔家桥镇及毛家滩乡，现状总人口约20.317万人，该PPP项目是实现相关地区的农村饮水安全、解决区域内147294人的不安全饮水问题的基本对策。

（三）建设内容和投资规模

湖南省汉寿县江东湖地表水厂PPP项目包括以管道及其附属设施向单位和居民的生活、生产及其他各项建设提供用水的工程设施，如取水工程、泵站、净（配）水厂、原水管、配套送水管网工程、出厂计量流量计等。其中取水工程位于汉寿县朱家铺镇江东村，厂区位于江东湖水库旁，总设计规模为2万立方米每天，工程投资估算为21400万元。

以江东市中型水库蓄水为供水水源，江东湖地表水厂辐射山丘区原10个乡镇132个村，受益人口17万人，日供水能力2万吨，工程包括取水工程、输水工程、净水工程、配水工程四个部分。其中取水工程采用泵站取水，设3台取水泵。净水工程采用网格絮凝、平流沉淀、均粒滤料和液氯消毒；调节构筑物为清水池，清水池总容积3206吨。配水工程采用重力供水与加压供水相结合的分区供水方式，配水泵房设水泵3台。输水工程输水主管为球墨铸铁管和PVC-M管，总长121.45公里；直径40毫米以上的支管总长1600公里。

（四）项目实施过程

江东湖地表水厂PPP项目于2015年3月启动建设，9个月时间建成，在“十三五”期间纳入汉寿县财政预算。按照2016年湖南省出台的关于PPP项目的标准，该PPP项目缺少项目实施机构授权委托、物有所值评价、财政承受能力论证等环节。因此，2016年开始按照湖南省PPP项目建设标准对该PPP项目进行了完善。

下一阶段，江东湖地表水厂供水片区将稳步推进片区主管网升级改造，加速片区内老水厂支管改造，实现供水正常化。具体时间安排如下。

1. 老水厂移交工作

2017年8月下旬签订移交协议，9月下旬完成水费核实，9月30日前完成朱家铺集中供水厂和东岳庙集中供水厂二处老水厂移交工作。

2. 提前实施焦点工程

2017年10月31日前完成焦点工程设计、测量、招投标、财政预算评审、工程招标等前期工作；2018年1月31日前完成焦点工程建设任务。

3. 巩固提升工程

2018年5月31日前完成巩固提升工程设计、测量、招投标、财政预算评审、工程招投标等前期工作；2018年12月31日前完成东岳庙集中供水厂、朱家铺集中供水厂及高新区老管网提质改造建设任务。

二、改革举措

汉寿县水利投融资体制改革的主要举措是建立起了较为规范的江东湖地表水厂PPP项目，其具体措施可依据PPP项目操作流程各阶段各要素予以介绍。根据《财政部关于印发〈政府和社会资本合作模式操作指南（试行）〉的通知》（财金〔2014〕113号）的规定，政府、社会资本和其他参与方开展政府和社会资本的合作，合作项目须经过识别、准备、采购、执行和移交等活动。

（一）项目识别阶段

PPP项目识别是PPP项目实施的第一阶段，包括项目发起、项目筛选、物有所值评价及财政承受能力论证等内容。其实质是通过分析和评价项目特点，确定某项目是否适合运用PPP模式建设，从而科学地筛选适合开展PPP运作的项目。

1. 项目发起

PPP项目可以由政府发起，也可以由社会资本发起。汉寿县江东湖地表水厂PPP项目是由政府发起的，实践中PPP项目也是以政府发起为主。政府在选择和发起项目时应综合评估项目建设的必要性、合法性、合规性、适用性、市场效益以及财政长期承受能力等问题。准经营性项目双方应侧重对项目盈利和补偿机制达成共识；经营性项目应具有明确的收费机制以确保合理的投资回报率；公益性项目要准备评估当期和预测未来政府的财政实力，确保政府购买力。政府和社会资本合作项目由政府或社会资本发起，对于列入年度开发计划的项目，项目发起方应按照财政部门（政府和社会资本合作中心）的要求提交相关资料。新建、改建项目应提交可行性报告、项目产出说明和初步实施方案。

（1）政府发起。财政部门（或PPP合作中心）应负责向交通、住建、环保、能源、教育、医疗、体育健身和文化设施等行业主管部门征集潜在的PPP项目。行业主管部门可从国民经济与社会发展规划及行业专项规划中的新建、改建项目或存量公共资产中遴选潜在项目。

（2）社会资本发起。社会资本应以项目建议书方式向财政部门（或PPP合作中心）推荐潜在政府和社会资本合作项目。江东湖地表水厂PPP项目是由政府发起。汉寿县政府决定对江东湖地表水厂采取特许经营的方式引入社会资本，是顺应国家水利投融资体制改革方向，形成规模化集中供水，解决农村饮水不安全问题的积极探索。2015年汉寿县水利局向汉寿县发展与改革局报送《关于报送江东湖地表水厂集中供水工程可行性研究报告的函》（汉水投函〔2015〕12号）；2017年汉寿县水利局向汉寿县人民政府报送补正PPP模式相关形式要素后的《汉寿县江东湖地表水厂PPP项目实施方案》，获得汉寿县人民政府“原则同意”的批复。

2. 项目筛选

财政部门（或PPP合作中心）会同行业主管部门，对潜在政府和社会资本合作项目进行评估筛选，确定备选项目。财政部门（或PPP合作中心）应根据筛选结果制订项目年度和中期开发计划。项目筛选应考虑PPP模式的适用范围。一方面，《政府和社会资本合作模式操作指南（试行)》第六条规定，“投资规模较大、需求长期稳定、价格调整机制灵活、市场化程度较高的基础设施及公共服务类项目，适宜采用政府和社会资本合作模式”。政府鼓励在能源、交通运输、水利、环境保护、农业、林业、科技、保障性安居工程、医疗、卫生、养老、教育、文化等公共文化服务领域广泛采用PPP模式，吸引社会资本参与投资建设。另一方面，《基础设施和公用事业特许经营管理办法》(2015年4月25日国家发改委、财政部、住建部、交通运输部、水利部、中国人民银行令第25号发布)第二条规定：“中华人民共和国境内的能源、交通运输、水利、环境保护、市政工程等基础设施和公用事业领域的特许经营活动，适用本办法。”

农村安全饮水工程属于水利项目，依据PPP政策法规规定，江东湖地表水厂可以采用特许经营的方式引入社会资本参与投资、建设和运营。

3. 物有所值评价

PPP项目的选择，首先要比较采用PPP模式和采用传统政府建设管理模式的优劣，提高项目决策的科学性和合理性。2014年12月国家发改委在《关于开展政府和社会资本合作的指导意见》中规定，物有所值审查结果将作为项目决策的重要依据。物有所值评价是判断是否采用PPP模式代替政府传统采购模式基础设施及公共服务项目的一种评估方法，物有所值评价包括定性分析和定量分析。

汉寿县财政局委托专业管理顾问公司开展了对汉寿县江东湖地表水厂PPP项目物有所值评价。顾问公司依据《财政部关于印发〈政府和社会资本合作模式操作指南(试行)〉的通知》(财金〔2014〕113号)及《财政部关于印发〈政府和社会资本合作项目物有所值评价指引(试行)〉的通知》(财金〔2015〕167号)，结合《汉寿县江东湖地表水厂PPP项目可研》《汉寿县江东湖地表水厂PPP项目实施方案》，对江东湖地表水厂项目开展了物有所值定性分析和物有所值定量分析。根据物有所值评价要求，当物有所值评价指数为正，说明项目适宜采用PPP模式，否则不宜采用PPP模式。物有所值指数越大，说明PPP模式代替传统采购模式实现的价值越大。通过系列分析，该项目的物有所值评价结论为“本项目为可行性缺口补助方式，由政府部分付费，费价机制透明合理、有现金流支撑能力，采用 PPP 模式较传统模式节约 4364.55 万元，物有所值指数为正，适宜采用 PPP 模式”。

4. 财政承受能力论证

财政承受能力论证是指识别、测算政府和社会资本合作（PPP）项目的各种财政支出责任，科学评估项目实施对当前及今后年度财政支出的影响，为 PPP 项目财政管理提供依据。开展 PPP 项目财政承受能力论证，是政府履行合同义务的重要保障，有利于规范 PPP 项目财政支出管理、有序推进项目实施、有效防范和控制财政风险，实现 PPP 可持续发展。

PPP 项目全生命周期过程的财政支出责任，主要包括股权投资、运营补贴、风险承担、配套投入四个方面。“汉寿县江东湖地表水厂 PPP 项目全生命周期内政府支出由财政支出资本金、可行性缺口补助、风险承担及配套投入几部分组成。”《汉寿县江东湖地表水厂 PPP 项目财政承受能力论证报告》中测算得出，“政府支出总额＝428.00＋39351.31＋213.98＋0＝39993.29（万元）”“在项目合作期内全部 PPP 项目政府支出最高值为 2018 年的 4.27％，以后逐年递减，在全生命周期内都没有超过一般公共预算支出的 10％”。因此，汉寿县财政局通过委托专业管理顾问公司分析论证确定，“在财政承受能力范围内，项目适宜采用 PPP 项目”。

（二）项目准备阶段

PPP 模式项目准备是指县级以上行业主管部门或政府授权的其他主体在项目通过项目识别的基础上，为进一步推动项目的实施而做的准备工作。项目准备阶段主要包括三个部分：管理架构组建、实施方案编制和实施方案审核。

1. 管理架构组建

县级（含）以上地方人民政府可建立专门协调机构——PPP 项目领导小组，主要负责项目评审、组织协调和检查督导等工作，实现简化审批流程、提高工作效率的目的。政府或者其指定的有关职能部门或事业单位可作为项目实施机构，负责项目准备、采购、监管和移交等工作。

据 2014 年 8 月 27 日《中共汉寿县常委会议纪要（〔2014〕第 13 次）》记载，“江东湖地表水厂的建设责任单位为县水利局、县水利投公司”。

2014 年 11 月 11 日，经汉寿县城乡居民饮水安全推进小组研究，决定成立江东湖地表水厂建设指挥部。2017 年 5 月 27 日，汉寿县水利局党委经研究，决定成立江东湖地表水厂项目建设管理处。2017 年 3 月 16 日，汉寿县人民政府授权汉寿县水利局为汉寿县江东湖地表水厂 PPP 项目实施机构，并指定汉寿县现代农业投资开发有限公司为汉寿县江东湖地表水厂 PPP 项目政府出资方代表，完成了对这一 PPP 项目准备的形式补正。

2. 实施方案编制

项目实施机构应组织编制项目实施方案，依次对项目概况、风险分配基本框架、项目运作方式、交易结构、合同体系、监管架构、采购方式选择 7 个方面的内容进行介绍。

2017 年 4 月，汉寿县水利局补正了江东湖地表水厂 PPP 项目的相关环节要求后，组织编制了《汉寿县江东湖地表水厂 PPP 项目实施方案》，依次对项目概况、采用 PPP 模式的必要性和可行性、风险分配框架、项目实施安排、监管架构、社会资本采购、项目财务经济分析、项目实施进度等 9 个方面的内容进行了详细说明。

3. 实施方案审核

PPP 项目实施方案的审核流程由“实施方案的市场测试”“实施方案的专家评审”和“实施方案的审核”三个部分组成。实施方案的审核包括“物有所值和财政承受能力验证”和对实施方案的联审。实施方案通过物有所值和财政承受能力验证后，项目实施机构应将项目实施方案、物有所值及财政承受能力报告一并报 PPP 项目领导小组召开成员联席会议进行审核，领导小组成员应当代表各自职能部门针对实施方案提出正式的审核意见。实施方案通过 PPP 项目领导小组联席会议审核的，应当由领导小组组长代表地方政府对实施方案进行确认批准；实施方案未能通过联审的，项目实施机构应当根据领导小组联席会议审核意见，对项目实施方案进行修订，并重新报 PPP 项目领导小组进行联审。

2017 年 4 月 13 日，在通过物有所值评价、财政承受能力论证及相关专家评议后，汉寿县人民政府审核《汉寿县江东湖地表水厂 PPP 项目实施方案》后批复汉寿县水利局，“原则同意《汉寿县江东湖地表水厂 PPP 项目实施方案》，你单位要严格把关，按照 PPP 模式要求和方案确定的事项，依法依规，统筹开展相关工作，确保汉寿县江东湖地表水厂PPP项目顺利推进”。

（三）项目采购阶段

1. 资格预审

财政部《关于印发〈政府和社会资本合作项目政府采购管理办法〉的通知》（财库〔2014〕215号）规定，PPP项目采购实行资格预审制度。根据《中华人民共和国招标投标法实施条例》（国务院令第613号）、《关于印发〈政府和社会资本合作项目政府采购管理办法〉的通知》（财库〔2014〕215号）、《财政部关于印发〈政府和社会资本合作模式操作指南（试行）〉的通知》（财金〔2014〕113号），项目机构应当根据项目需要准备资格预审文件，发布资格预审公告，邀请社会资本和与其合作的金融机构参与资格预审，验证项目能否获得社会资本响应和市场充分竞争。

2. 采购文件编制

由于PPP项目在采购方式上存在不同，对PPP项目采购文件的编制国家暂时未有统一标准版本。PPP项目采购人或其代理机构应结合法律、财务专家的意见以及具体的项目情况，编制招标文件及资格预审文件。

3. 响应文件评审

按照采购文件的规定对供应商提交的响应文件进行评审，是政府采购操作流程中的重要环节之一。具体由项目实施机构、采购代理机构成立的评审小组负责PPP项目采购的评审工作。

4. 谈判与合同签署

PPP项目采购评审结束后，项目实施机构应当成立专门的采购结果确认谈判工作组，负责采购结果确认前的谈判和最终结果确认工作。确认谈判完成后，项目实施机构应与中选社会资本签署确认谈判备忘录，并将采购结果以及根据采购文件、响应文件、补遗文件和确认谈判备忘录拟定的合同文本进行公示（不得少于5个工作日）。公示期满无异议的项目合同，应在本级人民政府审核同意后，由项目实施机构在中标、成交通知书发出后30日内与中标社会资本签署。需要设立专门项目公司的，待项目公司成立后，由项目公司与项目实施机构重新签署 PPP 项目合同，或者签署关于承继 PPP 项目合同的补充合同。

2014 年 10 月 11 日，因参与投标的供应商数量不足，汉寿县水利局发布汉寿县江东湖地表水厂特许经营投资人项目废标公告。2014 年 11 月 18 日，湖南天鉴工程项目管理有限公司发出政府发布的《政府采购成交通知书》，通知北控水务（中国）投资有限公司（湖南四建安装建筑有限公司），成为本项目供应商。2014 年 11 月，汉寿县水利局与北控水务（中国）投资有限公司签订《汉寿县江东湖地表水厂项目 PPP 合作协议》，对双方权利义务、项目公司设立及资金筹措、项目运作方式及资产权属、项目建设、项目监理、工程投资、项目的运营维护、绩效考核、投资回报机制、股权变更限制、项目的移交、工程保险、履约担保等一系列内容进行了详细约定。

（四）项目执行阶段

PPP 项目执行阶段是指项目实施机构通过竞争性程序，公平、公正地选择社会资本后，由社会资本或社会资本组建的项目公司负责项目的建设、运营等事项。具体包括成立项目公司、项目融资、项目建设、项目试运行、绩效监测与支付、合同履约管理、应急管理、中期评估等。《财政部关于印发〈政府和社会资本合作模式操作指南（试行）〉的通知》（财金〔2014〕113 号）明确了项目合同是 PPP 模式最核心的法律文件，项目边界条件则是项目合同的核心内容，主要包括权利义务、交易条件、履约保障和调整衔接等。“在项目合同执行和管理过程中，项目实施机构应重点关注合同修订、违约责任和争议解决等工作。”

三、改革成效

综合评估江东湖 PPP 特许经营权项目，汉寿县政府与北控均实现了互利共赢的预期目标，该项目更是一项惠民水利工程。

（一）社会效益显著，解决了约 17 万人口的安全饮水问题

通过实施江东湖 PPP 特许经营权项目，汉寿县群众最需要的山丘区饮水不安全难题得到了彻底解决，社会效益十分明显；对北控水务来说，用最短的时间、最快的速度，完成了战线最长、难度最大的供水项目，行业影响与日俱增。

（二）经济效益明显，缓解了政府财政支出压力，创造了企业新的经济增长点

江东湖PPP特许经营权项目的实施，发挥了“四两拨千斤”的杠杆作用，实现了“花小钱办大事”的良好效果，在很大程度上缓解了汉寿县财政支出压力。本项目以总投资的20%作为项目资本金，其余80%资金由项目公司负责融资，政府不承担融资责任。政府每年根据绩效考核情况支出可行性缺口补助，这样不仅缓解了政府当前因投资项目而产生的债务压力，而且从长期来看更可以降低政府的整体支出以及风险。而北控水务在汉寿县一系列优惠政策的保障下，长期来看也能够确保项目盈利运行，让江东湖水厂成为企业新的经济增长点。

四、改革经验

以下主要从对江东湖地表水厂PPP项目各要素的法律分析角度，简要分析该项目的可借鉴经验。

（一）项目运作方式（BOT）

汉寿县江东湖地表水厂PPP项目采取了PPP模式中的BOT（建设、运营、移交）方式运作。由汉寿县人民政府授权汉寿县水利局为项目实施机构，与项目公司签订《汉寿县江东湖地表水厂项目PPP合同》，将江东湖地表水厂的特许经营权移交给项目公司。这一项目合作期限为30年（1年建设期+29年特许经营期），由项目公司负责项目投融资、建设、运营、维护职责。在此期间，汉寿县人民政府负责对项目公司的运营维护服务进行绩效考核。合同期满后，项目公司负责将项目资产及相关权利等移交给汉寿县人民政府。本项目属市政工程，有部分经营收入，在运营维护期间汉寿县财政局依照人大决议，按年以可行性缺口补助的方式为项目的工程建设及运营维护服务提供缺口补贴。项目具体交易结构如图5-2所示。

（二）项目融资方式

汉寿县江东湖地表水厂PPP项目总投资额21400万元，由北控水务（中国）投资有限公司和汉寿县人民政府授权指定的汉寿县现代农业投

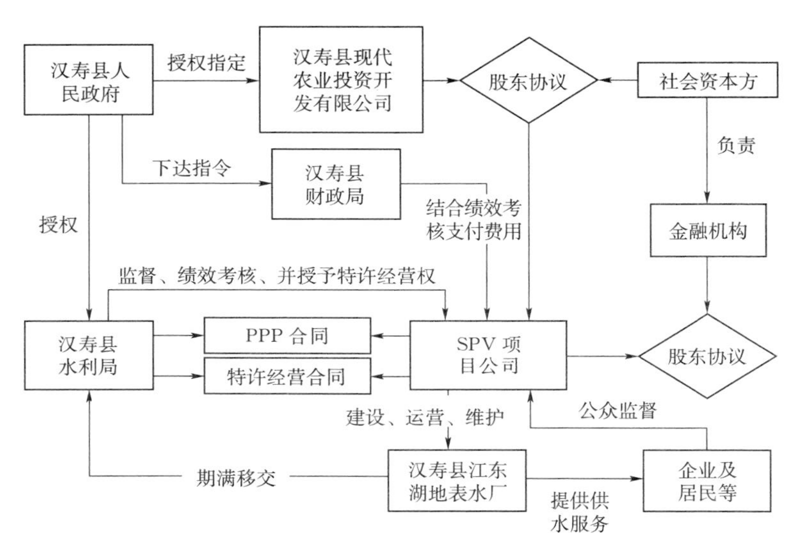

图5-2 汉寿县江东湖地表水厂PPP项目交易结构图

资开发有限公司在《汉寿县江东湖地表水厂项目PPP合同》签订生效后注册成立的SPV项目公司（汉寿北控中科税务有限公司）负责筹措资金，并负责本项目的建设及维护管理。项目资本金中，汉寿县人民政府方出资428万元，占10%；社会资本方出资3852万元，占90%，具体见表5-1。

表5-1　　江东湖地表水厂PPP项目融资结构表

融资类型	出资主体	出资额（万元）	占比	备注
一、资本金	政府方	428	10%	注册金按工程进度拨付到位
	社会资本方	3852	90%	
	小计	4280	20%	
二、项目融资	项目公司负责融资	17120	80%	
项目总投资		21400	100%	

本项目融资贷款本金17120万元，融资利率按同期中国人民银行5年期以上基准利率上浮不超过20%计，每年等额偿还本金，运营期29年总融资成本为14816.36万元。根据《汉寿县江东湖地表水厂PPP项目物有所值评价报告》，该项目的主要技术经济指标见表5-2。

表 5-2　　江东湖地表水厂 PPP 项目主要经济技术指标

序号	项　目	单　位	数　量
1	建设项目		
1.1	厂区工程	项	1
1.2	取水工程	项	1
2	建设工期	月	12
3	总投资	万元	21400
4	资金筹措	万元	21400
4.1	银行贷款	万元	17120
4.2	业主自筹	万元	4280
5	经济评价指标		
5.1	项目收入	万元	86996.82
5.2	利润总额	万元	11437.71
5.3	净利润	万元	11437.71
5.4	项目财务内部收益率（税后）	%	6.1
5.5	项目财务净现值	万元	205.09
5.6	项目动态投资回收期	年	14.45
5.7	项目总投资回收期	年	26.26

（三）合同体系

在 PPP 项目实施过程中，政府方和社会资本方应当建立起完善的合同体系，明确约定政府方和社会资本方的责、权、利关系，避免在 PPP 项目实施过程中因双方对相关事项未做约定或约定不明确而产生不必要的纠纷。《财政部关于印发〈政府和社会资本合作模式操作指南（试行）〉的通知》（财金〔2014〕113 号）规定：“合同体系主要包括项目合同、股东合同、融资合同、工程承包合同、运营服务合同、原料供应合同、产品采购合同和保险合同等。项目合同是其中最核心的法律文件。”

依据《汉寿县江东湖地表水厂 PPP 项目实施方案》的策划，汉寿县江东湖地表水厂 PPP 项目合同体系主要包括：PPP 项目合同（由汉寿县水利局与项目公司签署）、股东协议（由政府出资代表方与社会资本方签署）、特许经营协议（实施机构与项目公司签署）、融资合同、工程承包合同、运营服务合同、原料供应合同等。其中 PPP 项目合同是整个 PPP 项目合同体系的基础和核心，如图 5-3 所示。

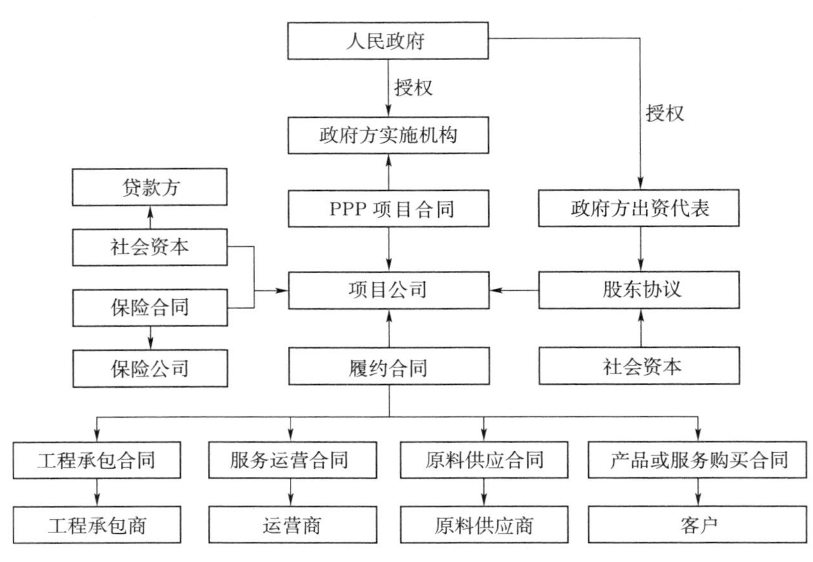

图 5-3　汉寿县江东湖地表水厂 PPP 项目合同体系图

（四）项目风险分配机制

汉寿县江东湖地表水厂 PPP 项目是市政工程，主要包括组织机构风险、施工技术风险、工程风险、投资估算风险、资金风险、市场风险、政策风险、财务风险及不可抗力风险 9 个方面的主要风险。原则上，项目设计、建造、财务和运营维护等商业风险由中选的社会资本方承担，法律、政策和最低需求风险由政府承担，不可抗力等风险由政府和社会资本方合理共担。项目风险分配基本框架见表 5-3。

表 5-3　汉寿县江东湖地表水厂 PPP 项目风险分配基本框架

序号	风险种类	风险承担方
1	组织机构风险	项目公司
2	施工技术风险	项目公司
3	工程风险	项目公司
4	投资估算风险	项目公司
5	资金风险	项目公司
6	市场风险	项目公司
7	政策风险	政府
8	财务风险	项目公司
9	不可抗力风险	政府和项目公司共担

分项风险分配时秉承风险分配优化、风险收益对等和风险可控等原则，综合考虑政府风险管理能力、项目回报机制和市场风险管理能力等要素，在政府和社会资本之间合理分配项目风险。在项目公司成立之前，融资风险、投资估算风险、资金风险、市场风险、财务风险等由社会资本承担，待项目公司成立后，相应风险由项目公司继承。在江东湖地表水厂 PPP 项目中，具体风险分担情况见表 5-4。

表 5-4　　汉寿县江东湖地表水厂 PPP 项目风险分担情况表

风险类别		风险因素	政府承担	SPV 公司承担	共同承担
系统风险	政策法律	征用/公共化	√		
		政府反对	√		
		法律变更		√	
		审批获得/延误	√		
		税收变更			√
	市场因素	动力人工费上涨			√
		费率调整			√
		高新区场需求变化			√
		通货膨胀			√
		利率变化			√
	其他	不可抗力			√
非系统风险	建造	融资工具可及性		√	
		融资成本高		√	
		设计不当		√	
		工程设计质量		√	
		分包商违约		√	
		工地安全		√	
		劳资设备的获取		√	
		地质条件		√	
		场地可及性		√	
		工程运营变更			√
		建设成本超支		√	
		完工风险		√	
		建设质量		√	
		公共设备服务提供	√		
		技术不过关		√	

续表

风险类别		风险因素	政府承担	SPV公司承担	共同承担
非系统风险	运营	运行成本超支		√	
		服务质量不好		√	
		维护、维修成本高		√	
		运营效率低		√	
		移交设备状况		√	
		设备维修状况		√	

本项目为市政工程项目，如果按照传统的建设运营模式，政府需要承担全部风险，而汉寿县人民政府选择了PPP项目模式后，政府仅需承担法律、政策和一部分不可抗力风险，大大降低了政府的风险承担成本。PPP项目在水利工程建设中优化风险分配的重要作用由此可见一斑，这也成为该项目物有所值定性分析的主要关注因素之一。

（五）项目履约保证体系

农村安全饮水工程建设的PPP项目建设运营周期长、投融资规模大，在长期运营中的风险因素较多，为防范和分担包括当事人违约风险在内的各种风险，PPP项目合同中不仅需要明确风险分担框架，还需要设置完善的项目担保体系。《财政部关于印发〈政府和社会资本合作模式操作指南（试行）〉的通知》（财金〔2014〕113号）第十一条第（五）项“合同体系”中规定：“项目边界条件是项目合同的核心内容，主要包括权利义务、交易条件、履约保障和调整衔接等边界。”“履约保障边界主要明确强制保险方案以及由投资竞争保函、建设履约保函、运营维护保函和移交维修保函组成的履约保函体系。”

保函是指银行等金融机构应申请人的请求，向第三方（即受益人）开立的一种书面信用担保凭证，主要用于保证在申请人未能按双方协议履行其责任或义务时，由该金融机构代其履行一定金额、一定期限范围内的某种支付责任或经济赔偿责任。根据PPP项目的实际情况及实施阶段的不同，政府方可以要求项目公司提供一个或多个保函。

在江东湖地表水厂项目中，项目担保体系表现为履约保函体系，主要包括投资竞争保函、建设履约保函、运营维护保函及移交维修保函四种类型，各类保函的相关要求见表5-5。

表5-5 汉寿县江东湖地表水厂PPP项目履约保函体系表

条款	投资竞争保函	建设履约保函	运营维护保函	移交维修保函
提交主体	社会资本	项目公司	项目公司	社会资本
提交时间	递交投资竞争响应文件的同时	正式签署项目合同的同时	项目获得商业运营许可的同时	最后一个经营年开始前
退还时间	项目公司递交建设履约保函后	项目完成竣工验收和环保验收且项目公司递交运营维护保函后	项目公司递交移交维修保函后	移交完毕且质量保证期满后
受益人	政府	政府	政府	政府
保函金额	不超出总投资额的10%	项目建安成本的5%（银行保函形式）	金额为本项目的年均运营成本（银行保函形式）	项目建安成本的5%（银行保函形式）
担保事项	投资竞争阶段投资竞争响应文件承诺的履行、合同签署、项目公司设立及建设履约保函提交等	项目建设资金到位、开工节点、试运行节点、竣工节点、验收节点、重大工程质量事故或安全责任事故、运营维护保函提交等	项目运营绩效、持续稳定普遍服务义务、服务质量反馈情况、安全保障、移交维修保函提交等	项目设施恢复性大修、主要设备移交标准、全套项目文档及知识产权移交、人员培训、项目设施存在隐蔽性缺陷、经证明由于项目公司特许经营期内对设施的运营不善所造成的瑕疵等

江东湖地表水厂PPP项目建立了完善且相互衔接的履约保证体系，这不仅可以督促和保证项目公司依约、全面、及时地履行各项合同义务，而且可以在项目公司出现违约情形时保障政府方依约提取保函获得相应赔偿。

（六）项目投资回报机制

“使用者付费+政府可行性缺口补助”是汉寿县江东湖地表水厂PPP项目的付费形式。江东湖地表水厂PPP项目是准经营性项目，由政府赋予SPV项目公司特许经营权，在项目运营补贴期间，有一定的使用者付费。项目公司将为使用者提供供水的公共服务，取得的使用者支付费用作为项目的主要回报（主要是自来水水费）。不足部分由汉寿县人民政府从本级一般公共财政预算中支付，提供可行性缺口补助。

1. 使用者付费

使用者付费主要是指自来水水费。《汉寿县江东湖地表水厂项目 PPP 合同》中约定，水价根据汉寿县政府指导价，通过听证会确定，计算公式为“使用者付费＝每吨水价×每日实际供应水量×365 天”。本项目实行两部制供水服务费单价，在本项目正式投入商业运营前，将农村安全饮水用户容量供水服务费单价调整至 15 元每户每月（每月每户 7 吨以内），每月每户用水超过 7 吨的按照当年折算的供水水价收取。

汉寿县按照合理收益、保本微利、公平负担的原则，全面推行了容量水价与计量水价相结合的“两部制”水价。根据《湖南省农村集中供水价格管理办法》（湘发改价商〔2015〕523 号）等上级文件精神，汉寿县物价局、汉寿县发展和改革局、汉寿县水利局共同为进一步规范和完善全县农村饮水安全工程集中供水价格，通过走访调查、召开听证会等方式，在广泛征求群众代表和经营业主意见建议的基础上，2015 年 7 月制定下发了《关于进一步规范和完善全县农村饮水安全集中供水销售价格的通知》（汉价价〔2015〕17 号），按照供水类别制定了居民生活用水和非居民生活用水价格，农村村民生活用水水费实行包干水费和超量收费相结合的水费制度。在此基础上，汉寿县水利局 2016 年 12 月发布的《汉寿县发展和改革局、汉寿县水利局关于进一步明确汉寿县农村饮水安全集中供水销售价格的通知》（汉发改价商〔2016〕468 号）规定，“农村村民生活用水水费实行包干水费和超量收费相结合的水费制度。”“江东湖地表水厂和丘陵区乡镇管辖水厂供水的用户，包干水量为 7 吨每月每户，包干水费为 15 元每月每户。”“江东湖地表水厂和丘陵区乡镇管辖水厂供水的用户，超过包干部分每吨 2.20 元。”这既保证了这一农村安全饮水工程的良性运行，也兼顾了农民群众的承受能力，实现了群众认可、水厂微利的双赢局面。

2. 政府可行性缺口补助

政府可行性缺口补助指在资产运营收入不能覆盖社会资本成本和利润收回时，由财政部门按年向项目公司进行付费补贴。其计算公式为：

政府可行性缺口补助＝项目全部建设成本×（1＋合理利润率）×（1＋年度折现率）^{N}/财政运营补贴周期（年）＋年度运营成本×（1＋合理利润率）－当年使用者付费数额。

江东湖水厂项目地处丘陵山区，不仅施工难度大于平湖区，解决同等数量人口需要铺设的管网也多于平湖区，导致建设成本暴增。项目竣工后，决算评审总投资为2.14亿元，除上级投资和群众自筹的0.7亿元外，项目投资方——北控水务（中国）投资有限公司的实际投资达到1.44亿元，超过融资约定的0.64亿元。同时，江东湖水厂自投产以来，年水费收益约700万元，年运行成本达503万元，年利润为197万元，投资回收率仅1.4%，远远低于PPP社会资本要求的最低6%的投资回收率。为确保水厂的正常运行，在供水片区的受益人付费（水费收入）不足以保证运行与投入成本的情况下，按照“风险共担、利益共享”的原则，汉寿县每年对江东湖水厂给予可行性政府补贴约700万元。

（七）项目监管体系架构

对PPP项目的监管效果极大地影响着用户的饮水安全和政府支出财政资金的价值。财金〔2014〕113号文规定，PPP项目的监管架构主要包括授权方式和监管方式。授权关系主要是政府对项目实施机构的授权，以及政府直接或通过项目实施机构对社会资本的授权；监管方式主要包括履约管理、行政监管和公众监督等。

1. 监管原则

对江东湖地表水厂PPP项目的监管过程遵循了依法监管原则、限制与激励相结合原则、公开透明且可问责原则、独立专业原则、提高监管效率原则、多层次监管原则6项基本原则。

2. 监管授权

汉寿水利局经汉寿县人民政府授权作为本项目的实施机构，根据《汉寿县江东湖地表水厂PPP项目实施方案》，通过市场选择的方式选择社会资本，由汉寿县现代农业投资开发有限公司作为政府方代表，与中选的社会资本共同组建项目，负责对项目公司在项目融资、建设、运营维护管理和移交时进行监管。本项目的监管目的明确，监管权责清晰，监管关系如图5-4所示。

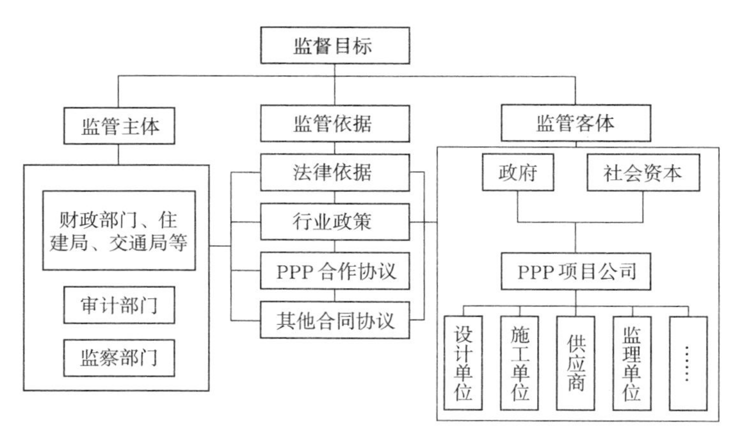

图5-4　江东湖地表水厂PPP项目监管关系图

3. 监管方式

汉寿县江东湖地表水厂PPP项目设置了多级监管体系，不仅有对项目公司的履约监管，还通过政府的严格履职，建立健全及时有效的项目信息公开和公众监督机制，以保障项目进度、服务质量和公共利益。其中，绩效监管是行政监管中最重要的一环。一方面，汉寿县水利局根据PPP项目协议约定对项目公司进行绩效考核，并根据绩效考核结果付费；另一方面，建立定期评估机制，每3～5年组织一次中期评估，全面评估项目公司的运营管理水平，形成有效督促改进机制。

4. 绩效考核

江东湖地表水厂PPP项目从全生命周期成本考虑，分别设置了运营维护期绩效考核和移交绩效考核。绩效考核以实现绩效目标为导向，激励相容，有奖有罚，与项目风险分配方案挂钩，且合作期内实施水价可行性缺口补贴。《汉寿县江东湖地表水厂PPP项目合同》中约定，汉寿县人民政府安排实施机构对自来水公司实行一年一次的绩效考核评价，根据评价结果对未能覆盖投资成本收益的部分予以合理补贴；当达到绩效考核标准要求时，政府可给予适当奖励。绩效考核流程如图5-5所示。

（八）改革的其他经验

1. 调研分析全面，决策合理有据

农村安全饮水既是政府的责任，又适宜市场化运作，安全饮水需求

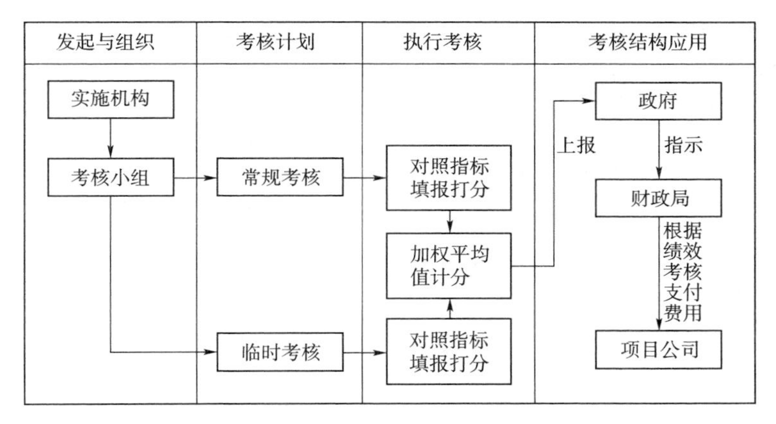

图 5-5　汉寿县江东湖地表水厂 PPP 项目绩效考核流程图

长期稳定，是具有一定现金流的公共服务项目。汉寿县水利局通过开展江东湖地表水厂集中供水工程可行性调研考察，确定该项目符合 PPP 范围，以特许经营权换取社会资本可减轻财政压力，政府与社会资本共同承担风险可增加项目吸引力。同时，将汉寿高新区和清水湖度假区（国家 4A 级景区）划入了江东湖水厂供水范围，提升了项目预期收益，使项目具有良好的发展前景，更适合于政府与社会资本合作。《汉寿县发展与改革局关于汉寿县江东湖地表水厂集中供水工程可行性研究报告的批复》明确资金筹措中“社会融资或其他资金 1.600747 亿元”。

2. 组织机构得力，责任落实到位

一是整体联动。项目签约后，汉寿县迅速成立了由县人大主任牵头的专门指挥部，项目所涉及的乡镇也相应成立了协调指挥部，北控水务也及时组建了汉寿北控中科水务有限责任公司，整体联动、齐抓共管，为水厂建设的顺利实施提供了强力保障。二是分工合作。经过协商，明确由江东湖地表水厂建设指挥部主要负责协调施工环境，北控水务主要负责工程建设。针对任务重、时间紧、难度大的实际情况，共同商定优化了“三同步”的施工方案，即主水厂、主管网和支管网同步启动、同步建设、同步调度。短短 9 个月，就完成了原设计工期两年，1 个主水厂、3 个加压站、4 个高位水池以及 1800 公里主支管网铺设的建设任务，实现了年初开工、年内建设、年底投产的预期目标，创造了湖南省在山丘区新建日供水 2 万吨农村安全饮水工程 9 个月就建成投产的奇迹。通过高位水池网格过滤后出水效果如图 5-6 所示。三是提供优惠。为让投资人安心建设、放心经营，汉寿县为北控水务提供了一系列优惠政策：供水区内特困户、五保户水费由县财政定额补助；水厂供水范围内争取到的后续国家投资，全部用于水厂后期巩固建设。同时，考虑到水厂运营前期存在亏损的可能，还专门明确了财政补贴政策：若后续国家政策性投入资金不能及时到位，在特许经营期前 3 年，县财政先行垫付 1000 万元对水厂给予补偿保障。通过实行这些优惠政策，最大限度地分担了企业的投资风险，消除了企业的后顾之忧。

图 5-6　高位水池网格过滤后出水效果图

3. 采购程序规范，依法确定投资人

一是确定原则。江东湖水厂 PPP 模式的实施原则为：政府授权、水利实施、市场运作、风险共担、利益共享。二是规范程序。汉寿县水利局作为汉寿县政府授权实施机构，委托代理公司负责招标事宜，根据政府采购法的相关规定，依法选择投资人。三是明确要件。在江东湖地表水厂 PPP 特许经营权项目发布的招标公告中，除常规的合同约定条款外，汉寿县水利局还重点强调了可靠的经济实力和丰富的供水工程建管经验，增加了“融资金额 8000 万元，提供 1000 万元建设保证金及 4000 万元银行保函，具备二级以上水利或市政建设总承包资质”的硬性要求和核心条款。四是择优选择。通过公开招标，汉寿县水利局依法确定了北控水务（中国）投资有限公司和湖南四建安装建筑有限公司的投标联合体作为投资人，特许经营权期限为30年。

4．监管机制严格，配套法规健全

汉寿县为加强和规范县农村饮水安全集中供水工程的建设与管理，确保工程建设质量，根据《湖南省农村饮水安全项目建设管理办法》（湘政办发〔2007〕44号）、《湖南省人民政府办公厅关于进一步做好农村饮水安全工作的意见》（湘政办发〔2013〕64号）、《常德市农村饮水安全集中供水工程运行管理办法》（常政办发〔2008〕9号）的有关规定，结合该县实际，制定出台了《汉寿县农村饮水安全集中供水程建设管理办法》（汉政发〔2015〕7号），在全面推行了项目法人责任制、招标投标制、工程监理制、集中采购制、巡回监理制和合同管理制“六制”的基础上，严把了四道“关口”；针对规范水厂管理出台了《汉寿县标准化水厂县级初验收表》，实行季度检查年度考评，对管理符合要求的标准化水厂给予奖励，对不合格的水厂给予适当的处罚；此外还制定了《汉寿县生活饮用水水源保护管理办法》等一系列水利管理制度规范。

五、问题与不足

PPP模式不仅是一种单纯的融资模式，更是一种综合的管理模式，包括规划、融资、建设、运营维护等众多环节。“PPP项目是否真正物有所值不是评估出来的，而是管理出来的。”江东湖地表水厂PPP项目建成后，进一步改善了汉寿县农村的市政基础设施，不仅提高了农村居民的饮水质量和用水安全，而且为农村居民提供了良好的生活环境，为当地的经济与社会发展奠定了良好的基础，社会效益良好。但是，近年我国的PPP发展虽然取得了不俗的成绩，也存在一些问题。“重建设、轻运营”就是其中突出的一项，这值得汉寿县江东湖地表水厂PPP项目今后引以为戒。

在总结江东湖地表水厂PPP项目当前阶段成功经验的基础上，进一步思考如何通过加强监督管理实现农村安全饮水工程巩固提升，提高供水质量，保障公共利益，应成为下一个重要研究课题。

附件：汉寿县PPP模式制度清单

1.《十三五实施方案（最终版）》

2.《汉寿县江东湖地表水厂PPP项目实施方案》

3.《关于开展政府和社会资本合作的指导意见》

4.《汉寿县江东湖地表水厂PPP项目可研》

5.《汉寿县江东湖地表水厂PPP项目财政承受能力论证报告》

6.《中共汉寿县常委会议纪要（〔2014〕第13次）》

7.《政府和社会资本合作项目政府采购管理办法》

8.《汉寿县江东湖地表水厂PPP项目物有所值评价报告》

9.《常德市农村饮水安全集中供水工程运行管理办法》

10.《汉寿县农村饮水安全集中供水工程建设管理办法》

11.《汉寿县生活饮用水水源保护管理办法》

第六章

农村水利机制改革

水利是农业的命脉，也是农村的命脉。湖南省作为农业大省，农业用水占比达60%，农业是用水大户。但长期以来，农田水利基础设施薄弱，点多面广，运行维护经费不足，农业用水管理不到位，造成农业用水方式粗放，工程难以良性运行，已经成为全面解决“三农”问题的基础性制约因素，是系统运行的短板。党的十九大提出要实施乡村振兴战略，农田水利这块长期存在的短板必须加长加固。近年来，湖南省立足五大发展理念，着重创新，创新发展思路，创新监管体制，在农村水利管理机制改革方面成效显著。

创新发展思路，强化制度推力。全面落实绿色发展理念，积极推进农村水利生态化标准化建设，推动实现农村水利现代化，着力实现“生态农田、健康河塘、标准设施、田园风光”。在全国率先出台小型农田水利条例，为全民办水利提供了法律保障。省委省政府先后印发《关于进一步加强全省小型农田水利建设的意见》《关于推广小型农村公共基础设施“四自两会三公开”建管模式的指导意见》等文件，为全民办水利提供了政策依据。省水利厅还出台了小型农田水利设施建设村级公示办法，要求小农水项目实行申报、建设、验收三阶段公开公示，避免了“暗箱操作”，为全民办水利提供了制度保障。此外，湖南省水利厅还编制了小农水设计图集，发放至全省各乡镇；印制了10万余份小型农田水利建设宣传挂图，编印了村级小型农田水利工程建设管理手册，发放至全省各村组，为全民办水利提供了技术支撑。

创新农田水利建设机制。在农田水利建设、维修养护项目中，把群众的事交给群众干。小农水项目县实行“市级遴选项目县，县级遴选项目村”双重遴选立项申报。项目群众选，在符合政策和小型农田水利建设规划范围内，充分尊重农民意愿；项目群众争，推行“项目村遴选”制度，村官公开“打擂”，提高参与积极性；项目群众建，采取“民办公助、以奖代补、先建后补”模式，政府部门侧重监督、指导和提供必要技术支持；项目群众管，严格执行《湖南省村级农村水利设施公示办法》，保障广大农民群众的知情权、决策权、参与权、监督权。

创新农田水利工程管护机制。一方面，不断创新管护模式。在改革试点县建立县、乡、村三级农田水利工程台账，实行分级管护；积极探索政府购买服务方式，实行物业化管理；系统推进农田水利产权制度改革和农业水价综合改革，全省15.13万处工程完成产权改革，实现“以水养水”目标；其中长沙县在全国率先颁发农田水利设施不动产权证，为保障农民集体财产性权利提供了法律依据。另一方面，不断完善服务体系。全面完成全省1678个乡镇水利站机构改革，实现基层水管单位乡镇全覆盖；完成450个乡镇水利站标准化建设；组建农民用水合作组织3168个，成功创建15个全国农民用水合作示范组织，全面提升基层水利服务水平，为农田水利事业发展打下坚实基础。

开展农田水利综合改革试点。按照“先建机制，后建工程，长效管理”的工作思路，整合农田水利设施产权制度改革、小型农田水利建设管理新机制、农业水价改革、基层水利服务体系能力建设等改革力量，开展农田水利综合改革试点，在农田水利组织发动、项目建设、工程维护等方面系统探索，逐步建立工程建设管护机制，理顺农田水利管理、投入和维护机制。

澧县积极以国家和省级各类改革试点为契机，推动本县农田水利综合改革。在此过程中，澧县坚持试点先行、循序渐进，按照“4＋1”的改革模式，遵循“以点带面、有序推进”的改革思路，强化举措，纵深探索，基本实现了建管一体化、管护规范化、奖补长效化、产权明晰化、水价补贴精准化、基层水利服务体系建设标准化的“六化”改革目标，打造“生态水利、智慧水利、高效节水、资源共享”的现代农田水利示范区，克服了农田水利工程“没人管”“没钱管”“没制度管”的难题，形成了可复制、易推广的改革模板，实现农业节水减排和农田水利工程良性运行的改革目的。

长沙县桐仁桥水库灌区自2011年以来，按照“一个原则、两类工程、三项措施、四级管理”的总体思路，逐步推进农业水价综合改革。通过几年的实施，在合理核定水权、科学调整水价的基础上，建立了灌区水权管理体制和水价形成机制，完善了与县域经济发展相适应的农业供水、灌溉管理模式，体现了“智慧水务”在水利管理的科技支撑，加强了农民用水户协会的履职能力建设，解决了百姓喝水与作物用水矛盾，实行了全灌区供水的自动计量，体现了“水是商品”的理念，达到了节约用水和保护水生态的总体目标。

湖南省作为全国水利综合改革试点省，在农村水利机制改革等方面为全国探路，成效显著。但由于历史欠账较多，农田水利基础设施薄弱，水利管理能力仍有待加强，水利发展体制机制障碍并未完全理顺。下一步湖南省将全面落实《湖南省“十三五”水利发展规划》，继续推动农村水利机制改革工作，加强农田水利工程建设，基本完成大型灌区和重点中型灌区续建配套与节水改造任务，继续推进规模化高效节水灌溉工程建设，落实农村水利工程管护制度；联合土地管理部门进一步推进农田水利设施不动产登记试点工作，以农业水价改革为抓手，推进水权水价水市场改革的全面开展。

以水价改革为抓手
推动农业用水供给侧改革

——长沙县桐仁桥灌区农业水价综合改革经验

【操作规程】

一、工作步骤

（一）建立工作机构，做好前期规划

1. 建立工作组织

（1）成立由地方政府负责人担任组长，发改、财政、水利、人社、国土、扶贫、农工、审计、林业、民政及各镇（街道）人民政府（办事处）等相关部门为成员单位的深化农业水价综合改革工作领导小组，负责统筹协调、组织实施农业水价综合改革各方面工作。

（2）建立长沙县农业水价综合改革试点联席会议制度，定期召开会议讨论农业水价综合改革工作，协调各部门工作。

2. 制定方案

根据中央、省、市有关文件精神，结合本县实际，制定切实可行的工作方案。各乡（镇）人民政府根据县农业水利综合改革实施方案编制本乡（镇）工作方案，并报县农业水价综合改革工作领导小组办公室备案。

（二）筹集资金，推动水利工程建设

（1）多渠道筹集工程建设资金。首先，建立较为稳定的公共财政保障机制，加大对农村水利工程的投入。其次，各地要制定优惠政策，支持和鼓励社会力量参与农村小型水利设施建设和管护。完善“民办公助”“一事一议”等机制，引导农民参与小型农田水利设施建设和管护。

（2）加快农村水利工程建设。推广应用以管道灌溉为主的高效节水灌溉工

程，完善渠道、管道远程自动计量设施建设，实现水权水量的精确计算。

（三）推动水价改革工作

以“定额供水、计量收费、阶梯计价、节约有奖、超用加价、水权可转让”为原则，开展水价改革工作。

（1）水权分配。按照优先保证群众基本生活用水的原则，结合历年平均用水量、灌溉方式、作物种类、渠道水损等因素，确定各乡镇总量控制指标，由村（社区）、农民用水户协会合理分配亩均用水指标，建立饮水水权、灌溉水权、预存水权、机动水权分配机制和水权转让机制。

（2）水费收取。以水权分配为基础，对水费收取实施阶梯水价，“先费后水”，水费由农民用水户协会或村级集体经济组织统一收取。

（3）水费返还。所收水费设立专款账户管理，收支两条线，主要用于农田水利工程的维修养护和节水奖励。

（四）落实工程管护责任，创新管护模式

（1）明确工程管护责任主体。在对水利工程依法确权的基础上，确定受益者和管理者，通过签订管护责任书和建立农田水利设施管护机制，明确管护工作内容、管护标准及考核办法。

（2）明确管护经费来源。一是产权为县级所有的农村水利工程，县财政纳入预算；二是对产权为镇、村及社会团体和个人所有的农村水利工程，以“产权所有者或工程管理（经营）者筹集为主，政府绩效考核进行奖补为辅”的方式落实管护经费。

（3）创新管护模式。因地制宜，探索委托管理、用水合作组织管理、承包管理、聘任管理、租赁管理多种管护模式，制定工程管护绩效考核办法，考核情况直接影响下年度水利投资规模，探索“以管定建”机制。

（五）总结验收

农业水价综合改革工作领导小组办公室要认真总结农业水价综合改革工作中好的经验、做法及解决问题的有效措施，完善档案资料，完成县级自验收，申报上级验收，并将成功经验向社会推广，形成示范效应。

二、工作流程

长沙县桐仁桥灌区农业水价综合改革流程如图 6-1 所示。

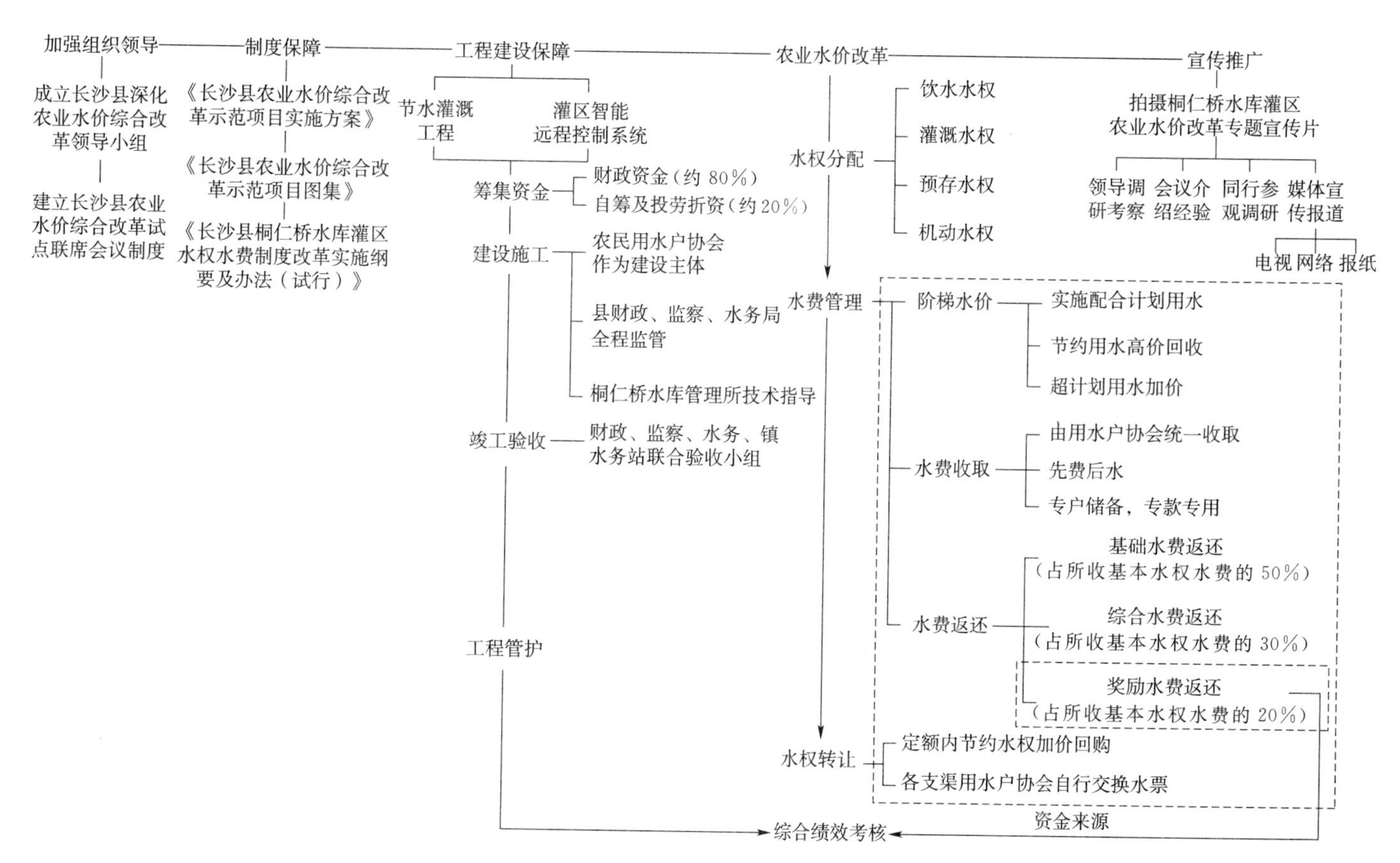

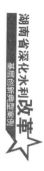

图 6-1　长沙县桐仁桥灌区农业水价综合改革流程图

【典型案例】

一、改革背景

桐仁桥水库建成于1979年，库容1616万立方米，总控制集雨面积15.5平方公里。灌区拥有主干渠24.6公里、支渠10条共34.1公里。灌区形成了一个以桐仁桥水库为龙头，主干渠为骨干渠道，10条支渠、6座小型水库、3180口山塘为基础的“长藤结瓜”自流灌溉系统，主要负责高桥、路口、果园、福临、青山铺五镇17个行政村及隆平科技园共计3.2万亩的农田灌溉，灌区范围作物类型以水稻为主，辅以油菜、蔬菜、茶园和果园。种植结构以2014年统计为准，项目区覆盖面积17200亩，其中：水稻14740亩，占85.7%；茶园1080亩，占6.28%；蔬菜（混合）810亩，占4.71%；玉米及其他570亩，占3.31%。

除此之外，桐仁桥水库作为农村安全饮水工程白鹭湖水厂的主要供水水源，还担负着长沙县北部10镇16万余人的自来水水源供应，日供水1.5万立方米，年供水近500万立方米且逐年递增。

在改革之前，桐仁桥灌区的农业用水存在以下主要矛盾。

（一）生活用水与农业灌溉的供需矛盾

桐仁桥属多年调节型中型水库，库容1614万立方米，兴利库容为1030万立方米。近五年来，农业灌溉450万～550万立方米，最高灌溉水量797万立方米，用水极不均衡；与此同时，农村安全饮水的用水量，呈逐步递增趋势，2016年供水为520万立方米。结合长沙县“十三五”的安饮规划，农村安饮人口将持续增长。因此，农村安全饮水和农业灌溉的水量供给矛盾，极易造成长沙县因水而引发的社会性公共服务群体性事件。

（二）水费征收与税费改革的水价矛盾

一是长期以来，灌区农田基本水费按照政府定价11.5元每亩从农民上交的国家粮中统筹，难以全额到位；二是单一的政府定价已不能满足灌区实际情况，特别是农村税费改革后，群众不理解，认为与“减轻农民负担”的主流不相符，而忽略了水利工程的投入；三是灌区上、下游灌溉距离有远近、水损高低不平衡、作物种类有区别，导致耗水量、灌溉时间以及经济效益均不一致。因此，推进终端水价改革，区分不同作物种类推行分类水价政策，是解决水价问题的根本，也是使市场在资源配置中起决定性作用、政府和市场协同发力的最佳方式。

（三）农田水利工程投入不断加大和设施老化之间的矛盾

一方面，国家每年投入大量的资金用于农田水利工程建设；另一方面，水利工程“三分在建，七分在养”，小型农田水利工程，点多面广，存在着管理权责模糊、主体缺位、老化失修、效益衰减等问题，严重影响了工程安全运行和效益充分发挥。

（四）传统管理与改革创新的制度矛盾

桐仁桥灌区干支渠涉及2～3个以上用水合作组织，用水关系复杂，特别是在灌溉高峰期，群众无序争水抢水，而灌区管理单位及乡镇同样要投入大量的人力、物力用于协调、管理，极易引发水事纠纷，且耗时费力；其次是作物的种植结构调整，由单一的水稻逐步向现代农业转变，使得灌溉周期不一致；最后是以农户为单位的传统种植模式正逐步向农场、种植大户等新型结构方式转变。因此，加强水资源的管理和调度，引导发展节水产业，推行节水措施，需要提供制度上的改革和创新。

二、改革举措

（一）工程建设夯实水价改革基础

推广应用以管道灌溉为主的高效节水灌溉工程，由农民用水户协会为主体实行自建自管。灌溉管道采用PE材质，管道延伸至末级渠系，直达田间，水损基本为零，大幅提高了用水效率，灌水速度、节水效益显著提高，只需开启田间闸阀，即可灌溉相邻两丘农田，极为方便、快捷，且无水损。以高桥协会为例，过去放水，由上游农田到下游农田，是一丘农田放满然后再放下一丘农田，效率极慢，水损很大，全部灌溉一次得20个小时左右。自从管道灌溉实施以来，3个小时就可以将750亩农田全部放好水，水损基本为零，大幅提高了用水效率，节约了水量，节省了时间，为农民减轻了用水忧虑且降低了灌溉成本，使高效节水工程得到有效发挥。桐仁桥大坝工程如图6-2所示。

图 6-2　桐仁桥大坝工程图

农民用水户协会作为建设主体，直接承接本协会管道灌溉工程和末级渠系改造。项目实施前，召开本协会成员大会，表决通过实施方案，确定分项目负责人、子项目施工人员，分别签订施工合同；项目实施中，组织本协会成员广泛参与，工程布置、工程质量接受全体成员的监督；项目实施后，自查自纠，提供结算资料和竣工图，提出验收申请；付款前，必须同步完成协会组织能力建设相关资料；付款后，各类资金使用必须向协会成员公示；工程验收合格后，交付使用，明确管护范围，明确管护责任人，明确建后运行经费来源，连同工程资料一起建档备查。

管道铺设完成后，废除了原有的供水渠道，节约了大量的土地资源，极大地缓解了农村的耕地紧张现状：一是可以还耕为良田，为农户新增了耕地面积；二是可以修建成机耕道，为现代化机械的推广使用提供了道路条件；三是可以集中置换成规划用地，充分盘活了农村大量的土地资源。

完善渠道、管道远程自动计量设施建设，采取自动测算和现场采集模式相结合，进行光纤铺设、放水闸远程流量操报 RTU 安装和流量计安装，实现水权水量的计算计量，以此作为水费计收的依据，灌溉季结束后，灌区与协会现场进行数据查看和复核。

（二）科技进步优化水价改革管控

为保证灌区用水计量准确，提高灌区运行自动化程度，长沙县创新研发了灌区智能远程自控系统。可分段测流、分点计量，能承担监测每个村组、协会的水量分配任务，覆盖到项目区末级渠系、每丘农田，数据实现自动实时传输，也可现场采集。安装有太阳能备用电源，保障了断电情况下设备的正常运转；安装有先进的云台摄像机球机，能跟踪拍摄进入自控系统管理房保护范围内的移动物体，确保自控系统的安全；安装有电子管道流量计，能精准测流；实现了远程控制阀门，能按照流量大小、阀门高度，定时定量地开放闸门，确保水资源最大程度的利用。系统操作控制，由中控室根据放水灌溉的需求，工作人员利用中控室电脑选择相应控制模式，通过光纤将指令发送到闸门室的控制柜的控制模块，模块根据指令执行相应的控制动作，同时实时将现场测量运行的数据传输到中控室，同步完成数据的采集、汇总、统计、分析、保存、打印等功能，确保水资源最大程度的利用。目前，只需要一个人值班，就能对全灌区进行操作和调配，实现了分段测流、分点计量功能，能承担监测每个村组、协会的水量分配任务，覆盖到项目区末级渠系、每丘农田，保证了水量使用的计量准确，提高了用水效率，为全县实行水资源的总量控制和分配奠定了基础。

（三）机制合理规范水价改革实施

以“定额供水、计量收费、阶梯计价、节约有奖、超用加价、水权可转让”为原则，开展水价改革工作。

1. 水权分配机制

改革实施后水费计量由原有的按亩收费改为按方计量收费，先费后水方式，灌区对各协会（村）确定基本水权。按照优先保证群众基本生活用水的原则，结合灌区历年平均用水量、灌溉方式、作物种类、渠道水损等因素，确定各灌区总量控制指标，由灌区村（社区）、农民用水户协会合理分配亩均用水指标。灌区结余水量用于农村安全饮水的自来水源水补充、河流等生态用水补充、灌溉过程中的超计划水量补充、抗大旱及其他的备用水源等。建立饮水水权、灌溉水权、预存水权、机动水权分配机制，实行水权总量控制。

（1）饮水水量方面：农村安全饮水工程——白鹭湖供水有限公司源水优先保证，2016 年长沙县水务局批复农村安饮源水水权分配指标，按现供水需求 1.1 万立方米每天，即 401.5 万立方米每年确定，逐年根据需要调整。

（2）灌溉水量方面：灌区农业灌溉，按现耕种面积，其中水稻以平均204.6立方米每亩每年的标准确定基础水权，主干渠以三支渠口分界：上游段187.5立方米每亩；下游段214.3立方米每亩，年基础水权470.78万立方米，2015年3月灌区委员会根据《湖南省用水定额》（DB43/T 388—2014）、灌区各类型农作物种植情况以及灌区近年来灌溉指标对各类型作物用水定额以及各用水合作组织基本水权进行调整，并通过主管部门批复，各类农作物用水定额、灌区水权总量明细见表6-1和表6-2。

表6-1　长沙县桐仁桥灌区各类型农作物用水定额表

序号	作物类型	用水定额/（m^3/亩）	种植面积/亩	水权量/m^3
1	水稻	204.6	23010	4707846
2	茶叶	70.0	1100	77000
3	玉米	80.0	1400	112000
4	蔬菜（混合）	140.0	4500	630000
合　计			30010	5526846

表6-2　长沙县桐仁桥灌区水权总量分配情况表

序号	用水类型	计算依据		水权量
1	白鹭湖供水公司	11000m^3/天	365天	4015000m^3
2	水稻灌溉	204.6m^3/亩	2310亩	4707846m^3
3	茶叶灌溉	70.0m^3/亩	1100亩	77000m^3
4	玉米灌溉	80.0m^3/亩	1400亩	112000m^3
5	蔬菜（混合）灌溉	140.0m^3/亩	4500亩	630000m^3
合　计				9541846m^3

预存水量310万立方米，非正常情况不纳入水权分配或使用，以作为次年水量储备和应对多年水量调节。

（3）机动水量方面：除农业灌溉用水、安全饮水工程原水供应和预存水量外，将剩余的水量作为机动水量，2016年的机动水量约为200万立方米。机动水量按政府指导要求，对下游河段实行生态补水，政府买单抵扣骨干水利工程建设投入，发挥社会效益。

2. 水费管理机制

（1）水费收取。实行“先费后水”，水费由农民用水户协会或村级集体经济组织统一收取，村、协会在灌溉放水之前，须将水费预交到对应灌区工程管理单位水费专户；灌溉结束，灌区统筹将水费转为灌区维修维护资金划拨至灌区工程管理单位用于水费返还，对用水户基础水费返还、统筹末级渠系维修养护和村、协会日常管理费用。农民用水户协会或村（社区）应定期公开水费征收依据和标准，定期公示水费征收使用情况。

（2）阶梯水价。水费收取实施阶梯水价，阶梯水价指的是对用水户水权定额内用水实行正常价格，对用水户超额用水实行较高水价，超额用水越多水价越高。根据工程类别、灌溉方式、作物种类的不同，实行差别化水价，以供水成本、用水户水费承受能力等为基础，进行科学合理的测算、制定供水价格，形成既能补偿运行维护费用又不增加农民负担的价格水平。用水总量在基本水权以内，实行低收费，对节约或超水权部分，实行累进加价制度，供水定价见表6-3。

表6-3　桐仁桥灌区农业水价综合改革供水定价表

作　物	基础水权/(m^3/亩)	基础水价/(元/m^3)	节约用水回购		超额用水加收	
			0～50m^3/(元/m^3)	50～100m^3/(元/m^3)	0～50m^3/(元/m^3)	50～100m^3/(元/m^3)
水稻	204.60	0.04	0.06	0.10	0.06	0.10
蔬菜（混合）	140.00	0.09	0.11	0.15	0.11	0.15
玉米	80.00	0.15	0.17	0.21	0.17	0.21
茶叶	70.00	0.17	0.19	0.23	0.19	0.23

（3）节水奖励。设立节水奖励基金，资金来源于水费返还、上级资金、县级财政配套等方面，制定节水奖励政策，以水权回购、奖励节水等方式建立节水奖励机制。对应用管灌、滴灌等高效节水技术，探索集成发展水肥一体化、水肥药一体化技术，积极实施种植结构调整，将高耗水作物改为耐旱作物的规模化经营者、农民用水合作组织等用水主体给予奖励，根据节水量按核定水价的200%予以奖励，提高用户主动节水的意识和积极性。

（4）精准补贴。以水费返还、上级资金、县级财政配套等方面资金建立农业用水精准补贴基金，确定精准补贴对象和标准，重点对传统农业用水主体定额内用水给予补贴，试点通过精准补贴落实非县、镇（街）管小农水设施的管理经费。

（5）水费返还。灌区所收水费开具县财政水费专用票据，按“收支两条线”的原则，全部存入长沙县水务局结算中心专用账户。所收水费全部用于全区支渠及以下工程的维修养护和节水奖励，其中50%用于协会（村）基础水费返还，支付看水及管护人员工资、砍青除杂等养护费用；30%综合返回各协会（村），专项用于支渠、斗渠及毛渠的维修养护；剩余20%除了用作加价回收的节约水权水费（不足部分由县财政补贴）外，全部用于奖励渠系维修管护管理好、用水管理有序、水利用效率高的支渠协会（村）。

3. 水权转让机制

以核定的水权定额为基础，对用水量在定额范围内的协会和农户以水权回购方式进行奖励，节约水权在定额内进行加价回购。

桐仁桥灌区平均供水定额按204.6立方米每亩的标准确定为基本水权，不足部分由其他小水库及山塘、机埠提灌补充。灌区实行“先费后水”的制度，以水稻种植区为例，基础水权部分按0.04元每立方米计收水费。超基础水权用水部分，递增50立方米每亩以内，加收0.01元每立方米；递增50～100立方米每亩以内，加收0.02元每立方米（依此类推）。节约基础水权用水部分，节约50立方米每亩以内，按0.05元每立方米；节约基础水权50～100立方米每亩以内部分，按0.06元每立方米（依此类推）由桐仁桥水库出资，高价予以回购，鼓励节约用水。同时水权可流转，一个灌溉季结束后，节余水票各支渠用水者协会（或支渠临时管水组织）可自行流转或交换，也可要求桐仁桥水库管理所回购，或者登记后结转至下一个灌溉季。

4. 综合绩效考核机制

一是根据水权的使用、管护效果和履职情况，在每年的灌区代表大会评选并通过考核结果，奖励渠系维修维护管理好、用水管理有序、水利用效率高的支渠协会（或临时管水组织）；二是获得协会星级评定的资格；三是已经获得星级评定的，作为升星加级的评定依据；四是在小农水建设、“民办公助”补助、“以奖代投资金”等各项水利建设资金项目中，优先对协会投入，星级认定越高，各类优惠政策越多。

（四）制度完善保障水价改革运行

组织编制了《长沙县桐仁桥水库灌区水权水费制度改革实施纲要及办法（试行）》《长沙县农业水价综合改革示范项目图集》《关于农业水价综合改革相关工程综合单价的评审报告》，全面指导水价改革工作实施。先后出台《长沙县农民用水者协会管理暂行办法》《长沙县农民用水者协会星级管理办法》《长沙县“民办公助”小型农田水利工程建设管理办法（试行）》《长沙县水务局加强小型水利工程管理体制改革的指导意见》等办法，发挥农民用水户协会在水价改革过程中的积极作用，同时为水价改革提供政策保障，促进水价改革工作顺利推进。

（五）协会参与化解水价改革矛盾

农民自愿加入用水户协会，通过协会直接参与水利工程管理、农业用水灌溉，协会有专门的“看水员”负责用水调度和灌溉，农民可以有更多时间外出务工。同时，水费收取和开支通过协会进行公开公示，保证农民用上“明白水”“放心水”，农民缴费意愿大大增强。政府根据“民主管理、财政奖励、节水高效”的原则，按照《长沙县农民用水户协会星级管理办法》对农民用水户协会进行“星级”评定，将运行经费补助与星级评定挂钩，并对先进用水户协会实行小农水建设项目优先安排和重点支持，达到管理高效和以管促建的目的。

（六）管护有方巩固水价改革成果

1. 积极推进产权制度改革，明确管护责任主体

对小型水利工程进行确权，按照“谁投资、谁所有、谁受益、谁管理”的原则，依照《不动产登记暂行条例》，在土地权属不变的情形下，依法确定小型水利工程的使用权、经营权和受益权，落实受益主体和管护主体。通过签订管护责任书和建立农田水利设施管护机制，明确管护工作内容、管护标准及考核办法。

个人投资兴建的工程，产权归个人所有；社会资本投资兴建的工程，产权归投资者所有，或按投资者意愿确定产权归属；受益户共同出

资兴建的工程，产权归受益户共同所有；以农村集体经济组织投入为主的工程，产权归农村集体经济组织所有；以国家投资为主兴建或改造的工程，按照出资比例产权归国家、农村集体经济组织或农民用水合作组织共同所有，其中接受财政补助资金，通过“民办公助”“一事一议”等方式建设的农村小型水利工程，可归承接项目补助资金的农村集体经济组织、农民用水合作组织、农民专业合作社所有。

不同于其他地方由水利部门发放产权证书的做法，长沙县水务局联合国土部门，给水利工程所有者颁发不动产权证书，这在全国尚属创新之举，由主体提出登记申请，县国土局不动产登记机构进行审核、登簿，按要求发放不动产登记权证。工程信息载入全国国土数据库，更好地厘清不动产权利界限，有效减少权属纠纷，提高产权登记的准确性和权威性，保障权利人合法权益，为后期水利设施不动产交易、流转的正常开展提供了保障。

通过明晰产权，真正落实管护责任，有效地解决了农田水利设施重建轻管，水利设施使用寿命缩水等问题。

2. 不断强化工程运行管理工作，积极创新管护模式

对小型农田水利工程进行管护责任划分，一类是区域内的小型水库、干渠、河道和闸坝等水利设施，运行管护工作以镇（街）为责任主体，探索政府购买公共服务方式发包给专业物业公司管理，实行县考核镇（街）、镇（街）考核物业公司的监督考核机制。另一类是除县、镇（街）管理的水利工程之外的其他小农水工程设施，如山塘、渠道、小型河坝、小型机台等，运行管护由受益村、组、用水户协会、受益企业等作为责任主体，县级水管部门对其进行考核补助。积极发展农民用水户协会管理小农水工程，将小型农田水利工程及田间水利工程交由协会管理，发展由协会组织筹资筹劳进行工程运行管护为主、政府给予奖补支持为辅的良性管理机制。

三、改革成效

（一）有利于农民减负增收

1. 农业成本大幅降低

通过管道输水，减轻了灌区用水高峰期供水压力，缓解了用水矛

盾。一方面提高了工程标准，减少了输水损失，改善了田间灌水条件；另一方面降低了工程管护费用和农业水费，提高了农民收入，大大节省了农业需水的人力成本。农业水费由原来11.5元每亩降低至6.9元每亩。直接体现在劳动力方面，避免了抢水、争水现象。过去的农田灌溉放水，各自为政，每家派出劳力沿渠护水守水，按项目区2万亩农田约5000户农户计算，每家需投入灌溉用水劳力2个工日，则需10000个工日；现在由用水户协会专人管理和分配，只需专业管水员月50名，由协会支付工作，解放劳动力和降低生产直接成本150万元每年。

2. 农业产出明显提高

通过水价综合改革试点，项目区早稻亩均产量由325千克提高至385千克，亩均产量提高18.5%。另外，在适时灌溉、减少输水损失的基础上，减轻了灌区用水高峰期供水压力，缓解了用水矛盾，有利于农业稳定增产增收。折算至全年，亩均产值由原来的845元提高至1014元，农民实际亩增收169元。以水稻种植为例，按亩均产值1014元计算，项目区年农民纯增收72967元。

3. 改善了生产条件

通过渠系改造，提高土地利用率和农业生产效率，增加有效耕地面积，提高耕地质量，增强了农业发展后劲，促进农业生产向集约化、规模化、机械化的方向发展，有效提高作物产量，增加农民收入，将极大改善项目区农民的生产和生活条件。

（二）有利于农村社会治理

1. 用水矛盾缓解，干群关系和谐

通过水价综合改革，节约了农业用水，缓解了因为水资源紧张而造成的用水矛盾，从水费收取到水费开支全程公开公示，杜绝水费收缴过程中搭车收费和截留挪用现象，使灌区水费可以实收到位，为国家骨干工程和末级渠系的维修养护提供了保障。理顺了政府、管理部门和农民之间的管理关系，农民用水户协会直接管理田间灌溉、投劳，减少了大量的用水纠纷，促进了农村的稳定。

2. 农民自治能力不断加强，民主管理和参与水平得到提高

实行水价综合改革以来，农民成立用水户协会，直接参与灌溉管理，明确了政府、灌区和农户的责权利，落实了分级办水利的原则。政

府主要责任是落实斗渠以上的建设投入和水资源管理，灌区主体任务是加强内部运行管理和骨干工程建设管理，农民则负责斗渠以下田间工程的整治维护和管理。由民主选举产生的农民用水户协会等用水合作组织，可以充分发挥政府与农民群众、灌区与用水户之间的桥梁和纽带作用。用水户协会作为“一事一议”的重要载体之一，发挥了十分重要的作用，督促水费收缴，监督公平用水和节约用水，调解矛盾，加强与政府和灌区管理单位的沟通。随着农民在灌溉事务管理中了解的事情越来越多，对公共事务的民主管理能力和参与意识不断加强。

（三）有利于生态环境保护

1. 水资源利用效率提高

项目实施后，经测算，采用管道灌溉的平均水利用系数为0.987左右；就项目区对比，渠系水利用系数为0.797，较实施前提高0.27；灌溉用水利用系数达0.7413，提高0.25，每亩节水25.3立方米，年节水总量近81万立方米。灌溉周期由原来的6～8天减少到3～4天，水损基本为零，大幅提高了用水效率，灌水速度、节水效益显著提高，折算至全灌区，由原来的9天减少至7天，整体加快灌溉周期2天左右。按晚稻3个月约90天的需水时间计算，原来只能进行6次轮灌，试点改革后，在大旱年份，可以进行近10次轮灌，可增加4个灌溉周期，从而有效地满足作物生长的需水，为农民减轻了用水忧虑、降低了灌溉成本，使高效节水工程得到有效发挥。

以维汉用水户协会为例，采用PE管道后，平水年比原渠道灌溉每亩年节水25.3立方米，折算至项目区，年节水总量53万立方米，按照灌溉基本水权水价计算，节水资金超2万元；而节约的水资源转为农村安全饮水，按照湖南省农村居民集中式供水用水定额标准上限100升每人每天，节省下来的水量可供1.45万人使用一年。

2. 水生态明显改善

长沙县一直致力于农业水价改革、高效节水灌溉在县域内的推广和发展，桐仁桥灌区经过几年的综合改革，推行在一个原则下实施统一的管理办法。通过农业水价改革的实施，一是推广管道灌溉，促进灌溉节水，据测算灌区农业灌溉亩均节水25.3立方米每年，全灌区年节水近50

万立方米；二是水价节奖超罚，保障饮水安全，饮用水源水供应水量保证率100%，库区水质提升为地表二类水；三是实行生态补水，改善下游水质，灌区通过灌溉节水，每年枯水期向下游河道补充80万立方米水源；四是考核协会管理，提升农村环境，考核协会水资源管理，通过协会管理杜绝生猪养殖污水直排河道、山塘、渠道等水系通道。通过创新灌区运行模式，建立一整套灌区管理体系，有力支撑了县域经济发展，改善了水生态环境。

3. 农村土地资源盘活

管道铺设完成后，废除了原有的供水渠道，节约大量的土地资源，有效缓解农村的耕地紧张现状：一是可以还耕为良田，为农户新增了耕地面积；二是可以修建成机耕道，为现代化机械的推广使用提供了道路条件；三是可以集中置换成规划用地，可盘活农村大量的土地资源。桐仁桥灌区共铺设主管道95995米，可废除原有供水渠道按平均0.7米宽计算，仅主管道47600米（分水管道除外）可新增或恢复土地使用面积33320平方米，折合约50亩土地。

四、改革经验

（一）强化组织领导、形成改革合力

强化政府主导作用，成立改革领导机构，形成改革合力。加强部门协调配合，特别是县水务、财政、发改、国土等部门，根据改革措施的不同，配合相关乡镇做好联动协调工作，形成加快水利综合改革的强大合力。广泛动员，提高全社会对农田水利综合改革的认识和关注度，动员全社会力量支持、参与改革工作。

（二）发挥示范效应、建立长效机制

为确保改革取得实效，改革过程中始终坚持典型引路、试点先行。不断总结前期改革经验，强化在“点”上取得的成果，制定相关管理制度，并不断修订完善，形成长效管理机制，继而在全县推广。充分发挥试点探索对全县农田水利建设管理工作的示范、突破、带动作用。

（三）整合资源、同步推进农业水价综合改革

近几年的试点经验表明，农业水价综合改革可以作为农田水利改革

的“综合载体”，将小型水利工程管理体制改革、基层水利服务体系建设、农业水权制度改革等在同一平台上推进，以创新农田水利工程体制机制，适应农村生产方式的变革，促进现代农业的发展。从试点实践来看，要全面推进农业水价综合改革，实现常态化管理，必须建立资金、制度等方面的保障机制，编制农业水价改革中长期规划，整合各类农田水利建设资金。将包括末级渠系改造和计量设施配置、协会建设以及水价良性运行机制保障在内的农业水价改革，作为农田水利建设项目实施的前置条件，形成合力推动农业水价综合改革工作。

（四）坚持科技创新，为水价改革提供必要的技术支撑

在改革过程中，以创新为指导，依托“智慧水务”平台建设，应用闸门远程控制、视频监控等先进手段，推进终端用水管理体制。进一步完善中、小型灌区渠系配套改造，安装供水计量设施，使灌区具备水费计量收费的硬件条件。

五、改革瓶颈及对策

桐仁桥灌区以水价综合改革为抓手，推动农田用水供给侧改革的思路被过去几年的实践证明是切实可行，富有成效的。但是随着改革的深入也发现了一些问题，需要在下一步的改革中着力解决。

（一）群众参与积极性不高

由于大批农村青壮年劳动力外出就业且农业产值经济效益不高，农业收入占农民收入的比重逐年降低，农民开展农田水利建设管理的积极性正逐渐减弱。建议全面实施农田水利设施不动产登记，同时通过推进农村土地流转，发展规模化农业，吸引社会资本参与农业生产，增加农业产出率，增强农民群众的获得感。

（二）管护经费缺口较大

小型水利工程多属公益性工程，没有盈利能力或盈利能力较差，每年需安排专人开展维修养护。管护费用大多依靠财政补助，维修养护全面实施，县级财政资金压力大。建议继续加大投入力度，探索完善上级财政补助、县级财政配套、群众自筹的管护资金三方筹措“三块钱”的机制，建立群众主体、政府主导、社会参与的农田水利改革模式。

（三）改革经验复制需因地制宜

桐仁桥水库灌区的水价改革试点，取得了很好的效果。但是因中型灌区灌溉方式、用水习惯等条件不同，水价改革在全县推广过程中，特别是小型灌区推行水价改革存在着水费难收取等问题。建议在借鉴试点的成功经验的基础上，因地制宜，探索适合本地实际情况的改革方案。

附件：长沙县桐仁桥灌区水价改革制度清单

1.《长沙县农业水价综合改革示范项目实施方案》

2.《长沙县桐仁桥水库灌区水权水费制度改革实施纲要及办法（试行）》

3.《长沙县农业水价综合改革示范项目图集》

4.《长沙县“民办公助”小型农田水利工程建设管理办法》

5.《长沙县农田水利综合改革试点实施方案》（政府办改）

6.《长沙县水利工程维修养护考核办法》

7.《长沙县水利工程巡查养护技术指南》

8.《长沙县小型水利工程管理养护实施办法》（政府办改）

9.《长沙县小型水利工程管理养护补助标准》

“建、管、投”并重 深入推进水利改革

——澧县破解农田水利综合改革难题

【操作规程】

一、工作步骤

（一）成立工作机构

成立专门的农田水利综合改革试点工作领导小组，实行部门分工负责，并整合其他参与水利工程改革的部门，加强对改革工作的日常调度和组织协调。

（二）加强宣传，动员群众参与

充分利用广播电视、报纸墙报、宣传资料、现代新媒体传播等多种形式，把改革的目的和意义、主要内容、政策措施、方法步骤等精神和信息传达给农民，全方位宣传农田水利改革的重要性和必要性，调动广大人民群众的积极性。

（三）多渠道筹集资金

加大政府资金引导，群众筹资投劳；坚持多主体、多元化、多渠道的有效融资方式，吸引社会资本参与建设管理。

（四）启动改革工作

（1）探索项目建设新机制。创新项目新型主体，鼓励以农民用水户协会、村组集体为主，以农民专业合作社、家庭农场等新型主体为辅的方式开展项目建设管理；建立项目村遴选新机制，大力推行小型农田水利设施“四自两会三公开”建管模式。项目区在项目申报立项、工程建设、完工验收三阶段实行村级公示。

（2）探索管护新机制。所有小型农田水利工程归属问题通过发放“三证一书”加以明晰。根据工程属性、规模、功用和建设资金来源，界定管护责任人，落实管护责任。在委托管理、用水合作组织管理、承包、聘任管理、租赁等基础上，探索多元化的管护新机制，如社会化、专业化管护机制，政府购买服务方式，“以管定建”机制。根据小型水利工程的产权所有者不同，以“产权所有者或工程管理（经营）者筹集为主，政府绩效考核进行奖补为辅”的方式落实管护经费。

（3）探索基层水利服务体系建设新机制。改善基层水利站工作环境和水利人才结构，加强基层水管单位资金保障。改善用水户协会管理机制，拓展服务范围，引导社会资本和大户加入农民用水户协会，健全用水户协会机制。

（五）建立健全监督考核以及奖补机制

推行项目建设群众监督员制度及资金监管制度。制定相关以奖代补实施办法，明确奖补范围、标准和操作流程。

二、工作流程图

澧县农田水利综合改革流程如图 6－3 所示。

【典型案例】

2013 年以来，澧县相继入围国家级小型水利工程管理体制改革试点县和国家级农田水利设施产权制度改革及创新运行管护机制试点县；2016 年，澧县又被省水利厅明确为省级农田水利综合改革试点县以及农业水价综合改革试点县。四年来，澧县坚持试点先行、循序渐进，按照“4＋1”的改革模式和“以点带面、有序推进”的改革思路，以“九旺灌区”为现代农田水利综合改革示范区（九旺灌区灌排渠整治图如图 6－4 所示），相继对建设、管护、投入和发动机制，产权制度改革和水价改革以及基层水利服务体系能力建设进行了探索，改变了农村“沟港堰塘杂草丛生、渠道淤积、工程老化破损”的现状，节约了水资源，改善了自然环境，促进了农业增效、农民增收，农村更加稳定和谐，提高了农业抗御自然灾害的能力，为国家的粮食安全、用水安全、生态环境安全提供了有力的支撑和保障。

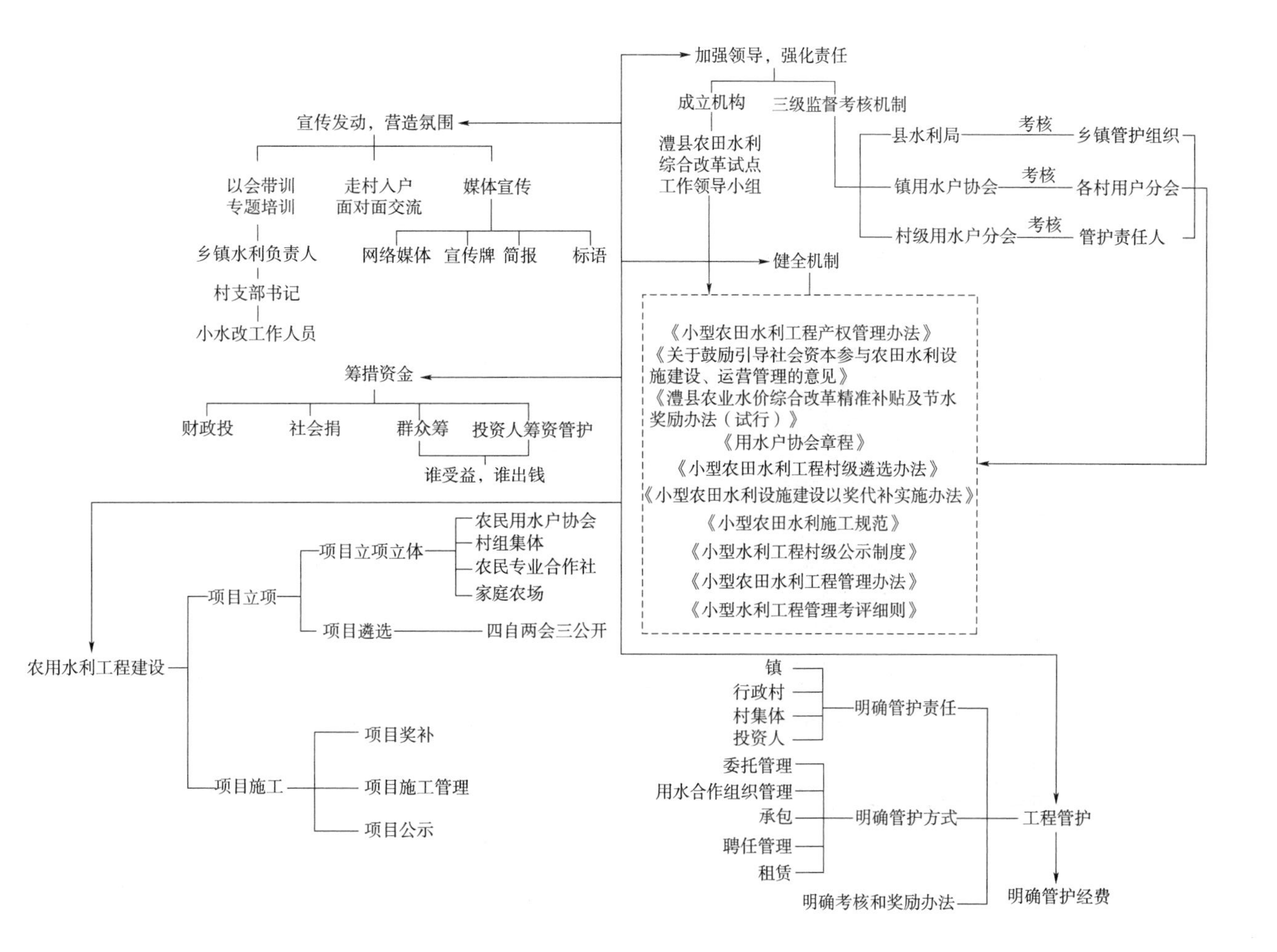

图6－3　澧县农田水利综合改革流程图

图 6-4　九旺灌区灌排渠整治图

一、澧县农田水利综合改革的背景

澧县，隶属于湖南省常德市，因澧水贯穿全境而得名，位于长江中游，湖南省西北部，洞庭湖西岸，与长江直线距离 80 公里。澧县北连长江，南通潇湘，西控九澧，东出洞庭，自古就有“九澧门户”之称，是澧水流域和湖南省参与长江开发的一大战略要地。澧县拥有澧阳平原（湖南省最大的平原）的绝大部分，总面积 2075 平方公里，县城面积 149.67 平方公里，耕地面积 108.6 万亩。县境内地势西北高，东南低，自西北向东南倾斜，形成山、丘、平、湖四种自然区；南部与北部属丘陵区，起伏不平；东部和西部为湖区，水网纵横；中部是全省著名的澧阳平原。县境内气候适宜，地貌多样，水面广大，澧水、涔水、澹水、道水、松滋河五水环绕，河网密布。全县辖 4 个街道办事处、15 个镇、16 个乡，共 198 个村（居），户籍人口 92.96 万人，其中城镇人口 21.9 万人。

澧县处于中亚热带内陆季风气候区，四季分明，雨量充足。全县有大小河流 47 条，可划分为澧水、四口两条水系，其中一级支流 9 条，二级支流 22 条，三级支流 15 条，四级支流 1 条。澧水水系在县境内有 6 条河流，包括澹水、道水、涔水3条一级支流，县境内流域面积781.75平方公里，干流境内长32公里。四口水系有界溪桥、顺林桥、危水河和松滋所属的11条大小溪河，其中一级支流5条，二级、三级支流各3条，总流域面积570.8平方公里。

澧县是个农业大县，素有“鱼米之乡”的美誉，因而对农田水利设施十分依赖。澧县目前共有70769处水利工程，其中产权归国家所有的297处，镇级、村级受益户及社会投资者所有的70472处。其类型及数量分布见表6－4。

表6－4　　澧县小型农田水利工程的类型及数量分布表

类　型	数　量
小型水库	147座
中小河流及堤防	115处
小型水闸	1629座
小型农田水利工程	68104处
农村安全饮水工程	774处
总　　计	70769处

但是，与省内乃至国内其他地区的情况类似，澧县的农田水利工程也存在着“三难一差”现象，严重制约了农业增产和农民增收。

（一）农田水利投入难

（1）财政投入不足。农田水利基础设施点多面广、欠账较多，需要大量资金投入农田水利工程的建设和管护。但长期以来，水利工程建设、管理和养护没有固定的来源渠道，中央、省、市下拨的维修养护资金，对于日常管护经费投入可谓杯水车薪，且有一定的不稳定性。

（2）市场吸引力低。农村“小而散”的小农生产方式普遍，农田水利建设难以与现代农业发展相适应，对市场资本的吸引力也不够。

（3）农民筹资投劳意愿低。随着“两工”和农业税取消，农民投劳从分配任务向自愿出工转变，加之“一事一议”程序繁琐、额度小，难以满足建设需要，农田水利建设陷入“无米可炊”的窘境。

（二）组织发动难

（1）基层政府职能弱化。近年来，农户在土地上享有了绝对权利，而乡、村、组则失去了统筹能力，政府组织农民参与农田水利的建设与管理难度加大。

（2）专业技术力量薄弱。基层还普遍存在专业技术人才匮乏、职工教育培训不够等问题。

（3）农民群众缺乏积极性。农村农业兼业化、农民老龄化、农村空心化不断加深，农民对农田创收的依赖性降低，对农田水利建设与管理缺乏积极性。

（三）建后管理难

（1）管护责任难落实。市场化、社会化的管护模式探索和推进迟缓；受益户管理的自管模式，受责、权、利分离的影响，得不到全面推广。

（2）管护考核机制不健全。大部分地区工程维护要求、管护考核办法未出台，管理管护缺乏。

（3）基层服务能力严重不足。乡镇水利站在硬件配备上有了很大提高，但缺编制、缺人员、缺经费的情况比较普遍。

（四）综合效益差

（1）基础设施弱，抗灾能力低。农田水利工程运行时间长，管护跟不上，老损严重，抗御水旱灾害的能力降低。

（2）建设不成体系，效益难发挥。水库除险加固、大型灌区续建配套及节水改造、大型泵站更新改造项目已实施完毕或正在实施，但末级渠系建设管理没有同步跟上。

（3）经济效益差，服务“三农”能力差。没有深度挖掘出农田水利市场潜力，与特色农业、乡村旅游结合不够紧密，粮食作物居多，经济作物偏少。

（4）生态效益差，未能在改善水利设施的同时改善农村居民生活环境，美丽乡村建设未能同步进行。

针对上述制约农业增产、农民增收的重大困境，澧县在上级部门的指导下，率先开展农田水利工程改革工作，先后启动了国家级小型水利工程管理体制改革、国家级农田水利设施产权制度改革及创新运行管护机制试点、省级农田水利综合改革试点以及省级农业水价综合改革试点。自试点启动以来，澧县紧紧围绕农田水利设施建、管、投三方面采取措施，加强组织领导，全面宣传发动，建立健全机制，落实项目资金，倾心服务三农，在全县范围掀起了农田水利改革高潮。截至目前，澧县已完成产权制度改革和创新运行管护机制 11 个项目的试点任务，占计划任务的 100%。在大堰当镇、城头山镇 22 个村 10.6 万亩耕地的范围内精心打造改革示范区，加强水利工程建设和管护，建立了长效机制，实现了水资源可持续利用和农田水利工程良性运行的目标。

二、澧县农田水利综合改革的主要举措

根据《澧县农田水利综合改革实施方案》的规定，综合全县小型水利工程管理体制改革、农田水利设施产权制度改革及创新运行管护机制试点成果，按照“先建机制、后建工程、长效运行”的要求，澧县力争用两年时间，因地制宜探索试点各项改革任务，逐步建立健全以下机制和体系：科学规范的农田水利工程建设新机制；稳定多元、持续增长的水利投入新机制；标准规范、长效运行的管护新机制；产权明晰、管护主体明确的产权制度；科学合理的水价形成机制；服务高效的基层水利服务体系。围绕这些改革任务，澧县具体采取了以下几个方面的措施。

（一）探索项目建设新机制：“五个建立”

2016 年，澧县本着“先建机制，后建工程”的原则，将“四自两会三公开”制度、以奖代补制度、项目公开公示制度、群众监督员制度等一系列改革成果融入农田水利综合改革、小农水特色县 100 处机埠建设、洞庭湖区沟渠清淤以及高效节水项目中，真正做到水利改革服务项目建设、项目建设贯穿水利改革。

1. 建立立项新机制

一是创新项目新型主体，鼓励以农民用水户协会、村组集体为主，以农民专业合作社、家庭农场等新型主体为辅，作为“项目法人”开展项目建设管理；二是建立项目村遴选新机制，大力推行小型农田水利设施“四自两会三公开”建管模式，按照“集中投入、整合资金、竞争立项、连片推进”的方式，率先在项目试点区推行项目村遴选新机制。

2. 建立奖补新机制

澧县制定了《小型农田水利“以奖代补”实施办法》，明确奖补标准

和操作流程，对奖补资金用于非工程建设有明确限制。除中央对财政专项资金管理使用有明文规定外，对单项资金未达到招标标准、技术要求不高的村内农田水利工程，工程建设由村级组织负责施工组织、材料采购、筹资投劳、矛盾协调和财务管理。实行“一个方案定资金，三张照片看过程，联合验收保效果”，明确奖补范围、标准和操作流程。

3. 建立投入新机制

按照“谁建设、谁管理，谁受益、谁负担”的办法引导社会各种力量投资兴建水利工程，并给予资金、政策倾斜。一是政府资金引导，群众筹资投劳，激励群众参与农田水利工程建设的积极性；二是坚持多主体、多元化、多渠道的有效融资方式，吸引社会资本参与建设管理。2016—2017年，全县农田水利项目总投资达22731.87万元，其中中央及省级投资13930.2万元，地方配套4511.1万元，群众及社会投资4290.57万元。

4. 建立健全监督考核机制

推行项目建设管理公开公示制度、群众监督员制度及资金监管制度。公布项目国家补助标准、建设内容、群众筹资投劳情况、资金使用情况等，接受群众监督，确保补助资金及时、足额用于项目建设。

5. 建立农田水利设施建设村级公示机制

为保障项目区农民群众对村内小型农田水利设施建设与管理的知情权、决策权、参与权、监督权，项目区在项目申报立项、工程建设、完工验收三个阶段实行村级公示。

（二）探索运行管护新机制：“四个明确”

2014年，澧县在梦溪镇、大堰当镇先行试点，以明晰产权为基础，建立县、乡、村小型农田水利设施三级管理台账，探索建立农田水利设施长效管护机制。2015年整县推进，共发放管理权证1200本，经营权证74本，签订管护协议书38572份，试点镇农田水利设施管护责任落实率达100%。2016年，在总结试点经验的基础上，全县范围推行“工程产权所有者筹集为主，政府绩效考核奖补为辅”的管护经费筹集办法，每年落实管护经费3109.5万元，其中县财政奖补1918万元，产权所有者自筹1191.5万元，极大地调动了农民群众兴水治水的积极性。更在九旺、古北等14个村实施水价改革，形成了管护长效机制，主要做法就是“四个明确”：

1. 明确管护责任

根据工程属性、规模、功用和建设资金来源，界定管护责任人，落实管护责任。将农田水利设施管护责任划分为四大类，见表6－5。

表6－5　　澧县小型水利工程产权、管理权责任明细表

工　程　类　型	产权所属	管理权所属
国家投资兴建的小型水库、中小河流及其堤防、农村集中安全饮水工程等水利设施	县级	委托各镇管理
受益户较多且跨村的工程（含国家补助、村组集体投资投劳等形成的资产）	镇级	划归各辖区行政村
受益户较多且位于一个村级范围内的工程，如小塘坝、小泵站、闸坝、沟港湖汊、渠道等小型农田水利设施	村级集体	村级集体
以社会团体、个人等形式投资为主兴建的工程	投资人	投资人

2. 明确管护经费

产权归县级所有的小型水利工程，县财政纳入预算；对镇、村及社会团体和个人所有的小型水利工程，以“产权所有者或工程管理（经营）者筹集为主，政府绩效考核进行奖补为辅”的方式落实管护经费。每年落实管护经费3109.5万元，其中县财政预算1918万元，产权所有者自筹1191.5万元。针对小型农田水利设施的不同类型（县级及以下农田水利工程管理类型见表6－6），制定了相应的管护费标准（表6－7）。

表6－6　　县级及以下农田水利工程管理类型表

类　型	明　　细
农户自建水利工程	蓄水池等小微型水利工程
村组自建水利工程	山平塘、提灌站、拦水闸坝、引水渠等农田水利工程设施
其他经济组织自建的农田水利工程	
农田水利工程及设施	包括控制灌溉面积1万亩、除涝面积3万亩以下的农田水利工程，大中型灌区末级渠系及配套建筑物，喷灌、微灌设施及输水管道，塘坝、堰闸及装机容量小于1000kW的泵站等
农村饮水安全工程	包括日供水规模200～1000m^3（不含）的Ⅳ型集中供水工程，日供水规模小于200m^3（不含）的Ⅴ型集中式供水工程及分散式供水工程

表 6-7　　澧县小型农田水利工程管护费标准表

类　型	管护费标准
小（1）型水库	10000元/（座·年）
小（2）型水库	5000元/（座·年）
中小河流及堤防	8000元/（km·年）
渠堤	按断面大小：1000～3000元/（km·年）
涵闸	按过流量大小：500～1000元/（座·年）
机埠	100元/（kW·年）

3. 明确管护方式

传统上，澧县小型农田水利设施管护主要有以下五种方式：

（1）委托管理。对国家所有公益性水利工程，由县人民政府委托各镇管理。

（2）用水合作组织管理。澧县共成立用水户协会19家，用水户分会206家，用水户协会、分会在县、镇水利部门的指导下，实施工程日常维护。

（3）承包。对堰塘等能产生经济效益的工程，镇、村两级在确保水源生态、抗旱取水的情况下实行发包管理。

（4）聘任管理。对小型涵闸、灌排渠及所属建筑物，由工程管理权人聘请管护员管理，发放管护员证，签订管护合同，明确管护内容、范围、职责、报酬。

（5）租赁。对农村集中安全饮水工程，由县水利局和镇水利站签订租赁管理合同，镇水利站在承租期内自主经营，按期缴纳租金，不得擅自转让。

在此基础上，澧县开始探索多元化的管护新机制，主要体现在以下三个方面：

（1）探索社会化、专业化管护机制。例如，鼓励农民专业合作社、种粮大户等新型农业经营主体作为“项目法人”，开展土地流转区域内农田水利设施的建设与管护。2014年以来，澧县共扶持18家农民专业合作社或种粮大户作为“项目法人”，对近5万亩农田的水利设施进行建设与管护；扶持6支专业养护队伍，对镇、村两级农田水利设施实施社会化、专业化养护。再如，扶持社会资本成立专业养护队伍，对镇、村两级农田水利设施实施社会化、专业化养护。目前，全县共成立专业养护队伍6支。镇水利站负责养护队伍定期培训及指导，并与用水户协会一道负责养护效果监督考核以及资金筹措，县财政局、水利局主要负责奖补资金拨付。

（2）探索政府购买服务方式。2016年以来，澧县继续扩大财政购买公共服务试点面，到2017年年底已对全县91.2公里二线大堤及部分中小河流大堤、中小型水库推行财政购买公共服务，并实行专业队伍养护，签订管护合同，将政府购买服务方式逐步在全县县级产权工程推开。

（3）探索“以管定建”机制。以各镇耕地面积为基数，结合水资源条件、已建项目建后管护能力等方面情况，将年度补助计划资金总额分配到镇，由各镇自主选择水利项目并分配资金。建设一处、销号一处，不得重复申报；工程建后管护情况直接影响下一年度投资规模；未在规定时间内完成或验收不合格的项目，取消当年该项目的资金安排。当年未完成的项目资金调整至下年度由全县统筹安排。

4. 明确考核办法和奖惩措施

将农田水利改革试点工作纳入全县目标考核的重要内容，制定工程管护绩效考核办法，考核分为三级：一是县水利局对镇管护组织或委托机构进行考核；二是镇用水户协会对各村用水户分会监督考核；三是村级用水户分会对管护责任人进行考核。考核结果作为拨付补助资金的主要依据：

（1）对管理工作表现突出的个人或集体，给予通报表彰和现金奖励；对未履行管护责任或管护效果差的，按管理制度相关规定解除管理权和承包权。

（2）对骗取、套取、挪用、贪污管护资金的，除如数追回资金外，还将在两年内不再安排补助资金，并视问题严重情况追究相关法律责任。

（3）对破坏、损毁水利设施的，由产权所有者做出限期修复、赔偿损失等处理，并视问题严重情况追究相关法律责任。

（三）探索基层水利服务体系建设新机制：“三个改善”

针对基层水利站办公条件差、运转经费无保障、技术力量缺乏、协会运转经费不足、管理体制不健全等问题，澧县加大了对基层水利服务体系的建设力度。

（1）改善基层水利站工作环境，加强基层水管单位资金保障。基层水利站，承担着辖区防汛抗旱、农田水利建设、节水灌溉等多项工作，服务范围覆盖广泛。为加强水利站房的改造，改善一线工作条件，澧县结合国家基层水管单位站房改造项目，县财政按30%的比例配套资金，对全县水利站房实施改造，添置必备的工作设备。

（2）改善基层水利人才结构。加强了基层水利技术人员的待遇保障和水利站的运转经费，定期对基层水利技术人员进行业务培训，提升他们的一线业务能力。2017年以来，已开展各类技术培训7期，参训人员200多人次。

（3）改善用水户协会管理机制。澧县共组建了34个镇级用水户协会，2016年合乡并镇后合并为19个，管理耕地面积52.56万亩，占全县耕地面积的49%，发展会员达51.18万人。澧县积极创新协会发展方式，拓展服务范围，引导社会资本和大户加入农民用水户协会，通过实现农业规模效益，引导社会资本投入农田水利工程建设和管理；建章立制规范工程建设管护、用水管理、水费计收、财务管理等；建立了协会绩效考核办法，县财政还拿出专项资金，激励协会发展。

（四）探索产权制度改革和农业水价改革

产权不明晰、责任不明确、管用脱节，不仅影响水利设施的使用效率，还往往带来设施残损等问题，这成为农田水利“干涸”在“最后一公里”的重要原因。

1. 开展小型农田水利工程产权制度改革

对全县所有小型农田水利工程归属问题通过发放“三证一书”加以明晰，即发放产权证、明晰工程所有人，发放管理权证和经营权证、明确工程使用人，签订工程管护协议书、明确工程具体管护人。本着“先试点，再推广”的原则，澧县确定梦溪镇为农田水利改革的先行试点镇，为该镇4806处小型农田水利工程发放了产权证、管理权证和经营权证，明晰了工程产权，共发放产权证书1500本。在总结梦溪镇一系列试点成果的基础上，组织专人对全县农田水利工程展开了全面摸底调查，全县共收集了5大类70769处农田水利工程的基本信息，发放产权证书19160本，发证率达到100%，签订管护协议书38572份，发放经营权证74本。

2．开展农业水价综合改革

根据《国务院办公厅关于推进农业水价综合改革的意见》和《湖南省人民政府办公厅关于推进农业水价综合改革的实施意见》精神，澧县为建立健全农业水价形成机制，促进农业节水和农业可持续发展，结合县内实际情况，开展了农业水价综合改革，整体上主要做法见表6-8，农业水价改革标准计量设施如图6-5所示。

表6-8　农业水价改革整体措施明细表

改革项目	改革目的	主要做法
确定收支水费的主体	构建组织机制	项目区按照自然村成立用水户分会，负责片区的用水管理、田间工程的管护、水费的收缴和使用
确定水费收取数额	完善水价形成机制	安装计量设施，总量控制，按方收费
确定水费的缴纳方式	形成补贴奖励机制	总量控制、先费后水、按方结算，资金用于农田水利等的维修管护，由管水员放水，形成长效管护机制

图6-5　农业水价改革标准计量设施图

2016年，澧县以九旺灌区为试点，分为两湖、联富、永孙、千里马4个项目片区，分别对干渠到农渠的33个涵闸进行改造，做到能控制水；在农渠分水口建设自动量测水设施，做到能计量水；对试点区域内19.8

公里田间渠道进行硬化防渗，做到能用上水。对项目区域内田间渠道进行防渗整治，对满足自流条件的区域实行高效节水，解决灌溉“竹节通”和“最后一公里”的问题。四个项目片区分别成立用水户分会，负责片区的用水管理、田间工程的管护、水费的收缴和使用；分水口以下实行总量控制，基础水权实行按量计费的水费收取方式；试点推行《水费精准补贴及节水奖励制度》。千里马片区还建设了智能信息化控制系统，实施喷灌、滴灌高效节水。

2017 年，澧县又以九旺灌区为示范引领，在大堰当、甘溪滩镇等 7 个镇 3.27 万亩耕地推行农业水价综合改革，坚持以完善农田水利工程体系为基础，以健全农业水价形成机制为重点，以创新体制机制为关键，不断激发水价综合改革的活力。

三、澧县农田水利综合改革的成效与经验

（一）澧县农田水利改革的主要成效

自改革启动以来，澧县紧紧围绕农田水利设施“建管一体化、管护规范化、奖补长效化、产权明晰化、水价补贴精准化、基层水利服务体系建设标准化”这一改革目标，坚持试点先行、开拓创新、积极探索、有序推进的方式，在全县范围掀起了农田水利改革高潮，农田水利综合改革取得了显著成效。

1. 各项改革任务基本完成

截至目前，澧县已完成探索改革项目建设方式 5 个小项的改革试点任务，占任务的 100%；在 15 个镇、4 个街道共 38 个村（居）已完成探索创新运行管护模式 4 个小项的改革试点任务，占任务的 100%。已完成明晰和移交工程产权 7.0769 万处，占总体改革任务的 100%，农业水价改革已编制《农业水价综合改革方案》，出台了《澧县农业水价精准补贴办法（试行）》，目前正在抓紧实施水价相关小农水工程改造；全县 15 个基层水利站所标准化建设已完成，全县 19 个用水户协会进行了标准化建设，澧县励营水利发展有限公司等 6 家专业化养护公司市场化运营。发放产权证书 19160 本，发证率达 100%。

2. 农田水利工程建设、管护经费得到保障

澧县在梦溪镇、大堰垱镇、甘溪滩镇、永丰乡等4个乡镇8个村率先进行项目建设新机制的探索，以镇用水户协会为责任主体，采取“农民投一、政府奖二”的方式，8个村筹集水利建设资金240多万元，政府奖补480多万元，完成了堰塘清淤扩容134处，渠道整修53.5公里，维修机埠18处。2016年，扩大试点面，兴建了100处项目，全县实行财政奖补的农田水利建设总投资15219.87万元，其中，群众及社会投资3664.57万元。在工程管护方面，澧县近3年相继在36个村采取“农民筹一、政府补二”的办法，落实管护资金559.5万元，其中农民自筹186.5万元，政府奖补373万元，调动了农民兴水治水的积极性，实施了财政购买公共服务。2015年首次对涔水、夹河49.72公里二线大堤实行专业队伍养护，签订合同，效果良好。2016年对全县91.2公里二线大堤也推行了此项改革。

3. 农民用水户协会在农田水利综合改革中的作用凸显

对用水户协会，一是健全管理机制，规范工程建设管护、用水管理、水费计收、财务管理等；二是创新发展方式，拓展服务范围，引导社会资本和大户加入农民用水户协会，通过实现农业规模效益，引导社会资本投入农田水利工程建设和管理；三是建立了以政府绩效考核为依据的奖惩办法，每年分季度按《农民用水户协会考核评分办法》实行百分制考核，年终考核评为优秀的用水户协会，县财政给予1万～3万元的奖励，激励协会发展。

4. 改革的经济、生态、社会效益逐渐显现

通过改革试点，实现了农田水利设施“有人管、有钱管、有制度管”，工程效益得到充分发挥，为粮食增产、农民增收打下了坚实基础。改革实现了经济、生态、社会三方面的巨大效益：

（1）经济效益方面。改革启动四年来，全县新增灌溉面积5.5万亩，改善灌溉面积10.2万亩，新增排涝面积9.39万亩，改善排涝面积12.8万亩。全县新增社会经济效益约6500万元。

（2）生态效益方面。改变了农村“沟港、堰塘、渠道杂草丛生，淤积严重，破损老化”的现状，节约了水资源，改善了自然环境，为建设

美丽新农村提供了强有力的支撑。

(3) 社会效益方面。落实管护责任和管护经费，改善农田水利设施，提高了灌溉效率和抗旱能力，为粮食增产、农民增收打下了坚实基础，维护了农村的稳定。

(二) 澧县农田水利综合改革的基本经验

水利是农业的命脉。如何破解农田水利“毛细血管”堵塞难题，建立水利设施有管护、农业生产有水用、农民增收有保障的农田水利工程良性运行机制，一直是水利部门探索的难题。通过农田水利改革试点，澧县农田水利设施产权明晰、管护责任明确、管护经费有保障，农民参与小型农田水利设施的建设和管护积极性空前高涨，工程效益得到充分发挥。这些经验，也使得澧县在农田水利综合改革的道路上越走越顺。

1. 健全机制，顶层设计

随着改革的推进，澧县相继出台了《小型农田水利工程项目村级遴选办法》《小型农田水利设施建设以奖代补实施办法》《小型农田水利工程管理办法》《小型农田水利工程产权管理办法》《小型农田水利工程村级公示制度》《小型农田水利工程管理考评细则》《关于鼓励引导社会资本参与农田水利设施建设、运营管理的意见》《澧县农业水价综合改革精准补贴及节水奖励办法（试行）》《用水户协会章程》《小型农田水利施工规范》等制度和办法，农田水利设施管理有人办事，有章理事。

2. 加强领导，强化责任

澧县紧跟国家、省、市工作部署，将深化小型水利工程管理体制改革工作作为水利工作的突出重点，加强领导，强力推进。

(1) 成立机构抓。县里专门成立了澧县农田水利综合改革试点工作领导小组，实施部门分工负责改革试点工作领导小组由县长任组长，分管副县长任副组长，整合其他参与水利工程改革的部门，如财政、农业、林业，加强对改革工作的日常调度和组织协调。

(2) 纳入考核促。将改革试点完成情况纳入全县目标管理考核内容，通过考核不断加压，确保了改革的进展，保证了执行力。

(3) 强化调度推。一方面，县政府主要领导对工程建设实行一月一调度，定期听取改革进展情况汇报；另一方面，召开全县动员大会进行动员部署，并通过政府常务会、县长办公会等形式，多次专题研究改革试点工作，对工作中遇到的困难和问题逐一进行解决。实现了层层分管，专业指导与自我管理相协调。

3. 强化督导，狠抓落实

在深化小型水利工程管理体制改革试点过程中，澧县建立了严格的三级监督考核机制，并实行一季一考核，一年一评定。一是县水利局对乡镇管护组织或委托机构按照《澧县小型水利工程考评细则（试行）》进行考核；二是镇用水户协会按照《澧县小型水利工程管理办法（试行）》对各村用水户分会进行监督考核；三是村级用水户分会依照《小型水利工程管理协议》对管护责任人进行考核。整个考核分年度考核和日常考核两部分，对不履行管护责任的，按管理制度相关规定解除管理权和承包权。将考核结果作为管护资金拨付的唯一依据。

4. 宣传发动，营造氛围

为营造良好的改革环境，澧县充分利用各种宣传媒介和手段，全方位宣传农田水利改革的重要性和必要性，营造了良好的改革环境。

（1）多次召集各乡镇（街道）分管水利负责人、水利站长、改革试点村（居）村支部书记，学习中央、省、市、县关于小型水利工程改革的相关文件精神。

（2）走村入户，面对面与村干部、群众代表深入交流，分析当前小型水利工程管理存在的问题，逐步理清工作思路和切入点，并在此基础上，制定了《澧县深化小型水利工程管理体制改革试点工作方案》。

（3）通过网络媒体、宣传牌、简报、标语等多种形式，全方位宣传小型水利工程改革的重要性和必要性。2017 年以来，全县共制作宣传牌 75 块、标语横幅 1540 条，印发小型水利改革宣传册 3500 本，投入资金 30 多万元。

此外，澧县还采取以会代训、专题培训等方式，分批次对各乡镇（街道）、村（居）小型水利工程改革工作人员进行业务培训，定期或不定期召开改革工作座谈会，及时解决改革中存在的问题。目前已举办业务培训班 30 多期，座谈会 120 多次，参训（会）人员 2400 多人次。

5. 广辟渠道，筹措资金

要有序推进改革，形成长效机制，解决资金瓶颈是关键。为此，澧县实行多管齐下，全力提供资金保障。一是财政投。产权归国家所有的297处小型水利工程已按养护标准纳入县财政预算。二是社会捐。各乡镇用水户协会充分发挥资源优势，向所在区域效益好的企业、社会能人等募集管护经费，政府进行奖补。三是群众筹。产权归村集体所有的小型水利工程，按“谁受益，谁出钱”的原则由村用水户分会牵头，按群众自筹和财政奖补1∶2的比例筹集。四是产权归社会投资者所有的水利工程由投资人筹资管护。

四、改革的瓶颈及对策

水利工程“三分建、七分管”，维护机制的建设尤为重要。在落实管护主体的前提下，进一步落实工程管护经费，强化管护责任，建立管护制度。同时，要实行“以水养水”，通过水费收取与返还、补贴，让群众关心、参与农田水利工程的建设和运行维护，逐渐建立工程有偿用水、节约用水的良性运行机制。澧县小型水利工程改革工作通过颁发“三证”（产权证、管理权证及经营权证），基本明晰了全县小型水利工程的所有权，明确了管理权及经营权，并建立了各项管理制度，基本解决了小型水利工程“无人管、无钱管、无制度管”的现状，但资金的筹措和使用还存在以下两方面的问题。

（一）中央财政专项对改革的扶持问题

财政资金是深化小型水利工程管理体制改革的重要保障，是小型水利工程管护是否长效的关键。目前澧县土地流转范围小，依靠土地承包方、专业合作社等新生组织管护小型水利工程设施规模小，农民依然是小型水利工程设施管护的主力军。但由于农产品经济效益低，群众生产积极性不高，因此水利设施的管护还得靠政府引导、群众参与。仅靠地方财政、群众自筹难以形成长效机制。因此，在土地没有大规模流转前，一是中央财政需要加大财政投入，建立常态化的财政资金渠道；二是改变上级财政资金投入方式，变专项转移支付为一般转移支付，增加地方项目确定权和资金分配权，充分引导群众参与，确保小型水利工程设施管护机制的长效运行。

（二）小型水利工程项目资金的整合问题

目前从中央到地方小型水利工程建设的部门多、资金多，加大整合力度，充分调动农民积极性，将小型水利工程建设与管护有机结合起来，充分发挥小型水利工程效益势在必行。

“上面千条线，下面一根针”，好政策如何落实，新制度怎样落地，这与农村基层服务组织密切相关。推进农田水利改革，基层组织是关键。逐步建立和完善农田水利投入、管理及维护新机制，建成一批有亮点、有规模的示范区，建立一套有人管、有钱管的良性运行机制，总结一套可复制、易推广的“澧县经验”，为全省农田水利发展提供有力支撑。

附件：澧县农田水利综合改革制度清单

1.《澧县农田水利综合改革实施方案》

2.《澧县农田水利工程产权管理办法》

3.《澧县小型农田水利工程管理办法》

4.《关于鼓励引导社会资本参与农田水利设施建设、运营管理的意见》

5.《澧县用水户协会章程》

6.《澧县人民政府办公室关于推进农业水价综合改革的实施意见》

7.《澧县农田水利工程管理考评细则》

8.《澧县农业水价综合改革精准补贴及节水奖励办法（试行）》

9.《澧县农田水利建设村级项目遴选办法》

10.《澧县2016年小型农田水利工程建设以奖代补实施办法》

11.《澧县小型农田水利项目建设管理群众义务质量监督员制度（试行）》

12.《澧县水利专项资金监督管理制度》

第七章

水行政执法体系建设

“十三五”时期既是全面建成小康社会的决胜阶段，也是全面推进依法治国、加快建设法治政府的关键时期。党中央、国务院高度重视水利工作，在全面贯彻依法治国、积极适应转变政府职能、认真落实水利改革发展要求、充分体现国家重要法律等方面，都对水行政工作提出了新的更高的要求。

中央深化行政执法体制改革，中央规范行政执法的部署，水利改革发展新形势等，都对水行政执法工作提出了新要求。目前水行政执法存在的问题主要表现在重视不够、队伍建设不够、体制机制不够、能力支撑不够等方面。为持续强化水行政执法，需要着重从以下几个方面全面加强水行政执法工作：一是加强顶层设计，促进指导工作，坚持预防为主，妥善预防处置水事矛盾纠纷；二是强化队伍建设，着力构建高效的水法治实施体系，并进一步理顺水行政执法体制机制，加快推进市、县两级水利综合执法，加强基层水政监察队伍建设；三是健全体制机制，切实加大执法力度，遏制水事违法案件频发势头，确保法律法规得到严格实施，提高执法效能；四是加强能力建设，提供能力保障；五是加强制度建设，完善执法制度，把严格规范公正文明执法的要求落实到水行政执法全过程，严格规范执法。

水行政执法与水事活动主体和人民群众的切身利益密切相关，湖南省作为全国综合行政执法体制改革试点省，准确把握了新形势下依法治水的新任务、新要求，积极调整思路，研究对策，大力推进水行政执法责任制建设。“法定职责必须为”“法无授权不可为”。根据 2015 年 12 月中共中央、国务院制定发布《法治政府建设实施纲要（2015—2020年）》的要求，改革执法体系要推行执法重心向市、县两级政府下移，湖南水利厅采取“推行执法重心下移，强化市、县水行政执法能力建设”的具体措施。在推进水行政执法责任制方面，湖南省水利厅着手推行执法重心下移，省级层面加强执法控制点建设，湘江流域以长沙、衡阳、永州为基点加强支队执法力量建设；市、县层面，强化水行政执法队伍建设，先抓责任制试点，再进行推广。同时，主要河湖执法抓控制点，基层执法抓责任制试点，实现了水行政执法“全覆盖”的基本水政建设框架。2015年，新化、桃源、祁阳三县建立水行政执法责任制试点，卓有成效。进一步规范了依法行政行为，向乡镇延伸了执法网络，畅通信息渠道，调动执法人员的主动性和积极性，建立了责任追究机制和司法衔接机制。2016年年初，浏阳市、湘阴县等26个县（市、区）稳步推进行政执法责任制，计划2016—2020年每年推广20%的县（市、区），用五年左右的时间全面实行行政执法责任制。

2015年6月，新化县被列入全省3个水行政执法责任制试点县之一。县政府很快出台了《新化县水行政执法责任制实施方案》和《新化县水行政执法责任制目标管理考核方案》，明确了试点工作责任和任务。新化县获批全省第一批水行政执法责任制试点县以来，以水域管理范围“全覆盖、无盲点”为抓手，着力推进体制机制改革和能力建设，把责任制贯穿执法工作的全过程，充分调动、整合、凝聚水行政执法力量。一方面，实现执法力量的全覆盖和执法重心的下移，全县水域实施县、乡、村三级＋水库管理所的“3＋1”管理模式，并加强同公安机关的协同执法，由县公安局治安大队水上治安管理中队派驻县水利局挂牌办公。另一方面，新化县大力推进执法机制和能力建设，规范执法活动，提升监管能力；建立奖惩机制，落实执法责任；加大财政投入，健全执法保障，把责任制贯穿执法工作的全过程。总结其经验，大体上可以归纳为“六个到位”，领导重视认识到位，队伍建设能力到位，执法机制职责到位，信息采集覆盖到位，督查考核奖惩到位，联合执法力度到位。目前全县呈现出“河道有人管理，执法重心下移，水事环境稳定，采砂秩序良好”的局面，确保了人民群众的利益和行洪安全、水利工程运行安全。

新化县在水利建设环境得到有效改善的情况下，今后更进一步的做法是重点理解好、把握好、贯彻好、落实好指示要求，进一步抓好试点，为全省总结出更好的经验。首先是把水行政执法试点放到依法行政的大链条中来做；其次是把水行政执法试点放到政府依法行政的大环境中来抓；最后是把水行政执法试点放到贯彻落实党中央国务院新出台的法治政府建设纲要的大背景中去思考，进一步做好水利部门行政执法的探索和研究。2017 年 4 月 24 日—5 月 24 日，中央第六环境保护督察组对湖南省开展了为期一个月的环境保护督察，2017 年 7 月 31 日向湖南省反馈督察意见。湖南省委、省政府研究制定了《湖南省贯彻落实中央第六环境保护督察组督察反馈意见整改方案》，其中明确要求严格环境监管执法和推进省级环保督察。下一步，湖南省将进一步深入贯彻落实习近平新时代中国特色社会主义思想，特别是习近平总书记关于生态文明建设和环境保护工作重要论述以及视察湖南时的重要讲话精神，要进一步落实好党的十九大提出的实行最严格的生态环境保护制度，切实做到源头严防、过程严管、后果严惩，充分利用中央环保督察整改这一有利契机，按照中央第六环境保护督察组的要求，落实好湖南省就洞庭湖生态环境专项整治工作会议精神，筑牢“一湖三山四水”生态屏障，建设富饶美丽幸福新湖南。

下沉执法重心　扫清监管盲区

——新化县着力创新基层水行政执法责任制

【操作规程】

一、工作步骤

（一）顶层设计、高位推动

（1）当地政府及主要领导对改革的重要性和必要性要认识到位，成立专门的改革领导小组，对重大改革事项进行决策。

（2）出台改革工作方案和相关配套文件，明确具体改革目标、工作责任、考核机制和激励措施，统一步伐，保证改革质量。

（3）保证改革所需经费，将之列入财政预算。

（二）改革执法机构和执法队伍

（1）按照“监管无盲区”的要求，改革执法队伍，由横向分线管理转为垂直分块管理，县执法大队所属各中队与相关责任乡镇无缝对接，下沉执法重心。

（2）建立信息畅通平台和快速反应机制，实现多层次、多渠道、多方位的信息传送，确保信息可靠畅通。

（3）为增强执法权威，可以与公安部门建立协同执法机制，解决单一由水政执法威慑不足的问题。

（三）提升执法能力，规范执法程序

（1）提升执法硬件，保证执法所需装备。

（2）引入专业人才，建立水政监察队伍常规化培训机制。

（3）规范执法程序，保证执法过程合法有效。

（四）建立健全考核评价机制

（1）制定考评办法和考评指标。

（2）对水行政执法责任落实情况进行考核督查。

（3）根据考评结果奖勤罚懒，将考评结果作为干部晋升的重要标准。

二、工作流程图

新化县基层水行政执法体系建设流程图如图7-1所示。

【典型案例】

新化县是湖南省农业和水利大县，地广人多，水系发达，水利工程建设任务重。2015年，新化县被遴选为全省第一批水行政执法责任制试点县，县委县政府对此高度重视，严格按照省水利厅部署的试点工作要求，出台政策、支持资金、协调关系、解决难题，全面创新执法理念，着力推进体制机制改革和能力建设，把责任制贯穿执法工作的全过程，充分调动、整合、凝聚水行政执法力量，使水行政执法责任制工作进展有序，成效显著。

一、新化县水行政执法改革的背景

（一）新化县水文情况简介

新化县位于湖南省中部偏西、娄底市西部，盘依雪峰山东南麓，资水中游，是革命老区县、国家贫困县、库区移民县、西部开发政策县、扶贫攻坚县、省直管试点县；总面积3642平方公里，占全省面积的1.69%，占娄底市面积的43.94%；总人口147万人。地貌属山丘盆地，西部、北部雪峰山主脉耸峙；东部低山或深丘连绵；南部为天龙山、桐凤山环绕；中部为资水及其支流河谷，有江河平原、溪谷平原、溶蚀平原三种，系河流冲积、洪积而成，大多在海拔300米以下。整个新化县位于亚热带中部，典型的地带性土壤为红壤。

新化县境内水系发达，河流密布，省内第二大河流资江穿越县境113公里，有集雨面积200平方公里以上河流11条，1公里长度以上溪

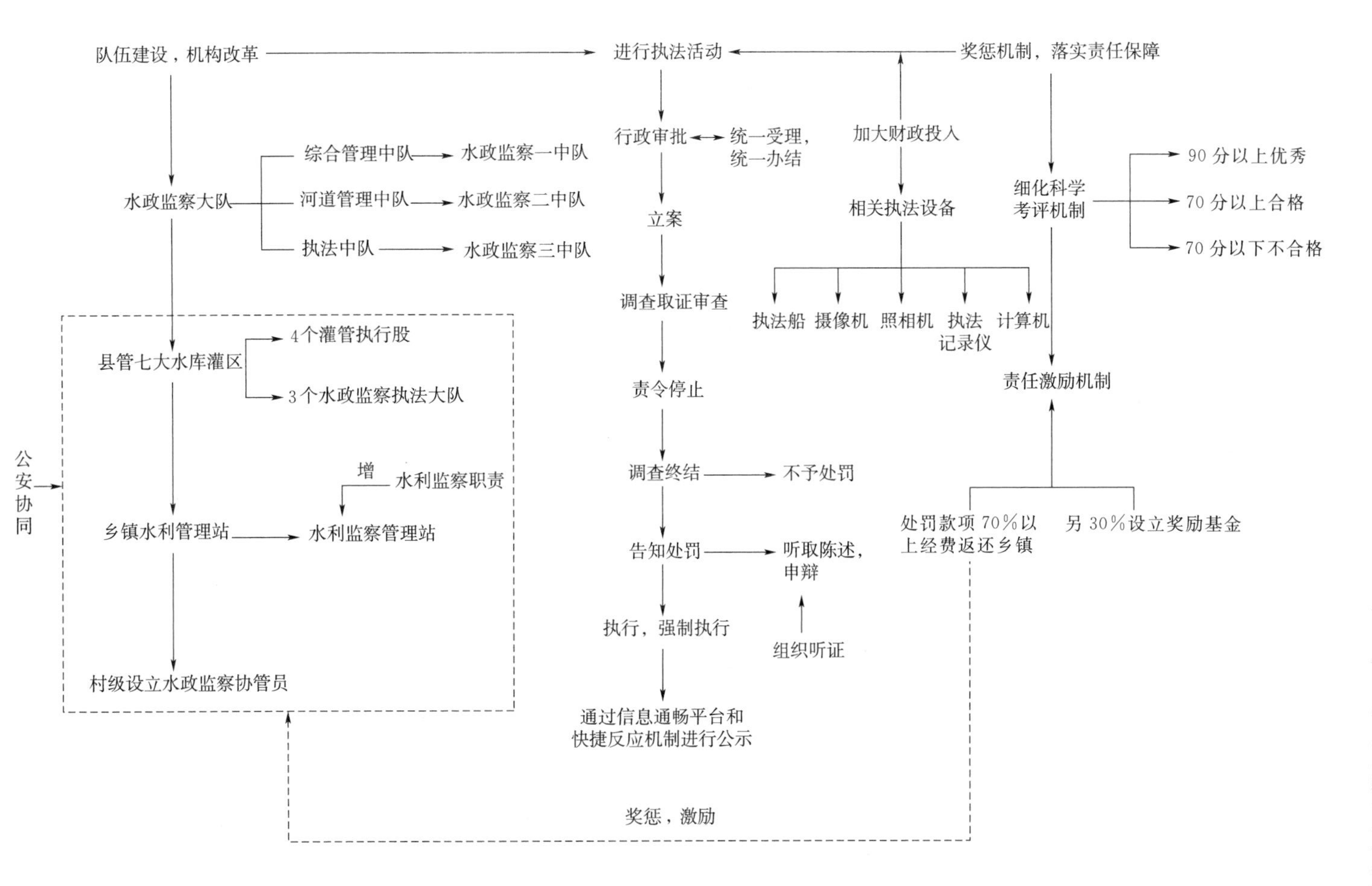

图7-1　新化县基层水行政执法体系建设流程图

流266条；有7个县管灌区、280座水库、15800口山塘、1810处骨干河坝、960处固定电力机埠、9475公里灌溉渠道、480处供水工程和64处电站。总体而言，全县水情复杂，工程点多、面广，水利工程建设任务重，水行政执法任务也非常艰巨。

（二）改革前新化县水行政执法存在的主要问题

长期以来，新化县在水行政执法方面一直面临执法能力和压力不足的状态，严重影响到水行政执法的效果。主要表现在：

（1）水行政执法单位缺乏独立性和自主性，一定程度上影响了水行政执法的效能。改革前，新化县的基层水行政执法机构缺乏履行职能所必需的行政管理权和自主处理相关水行政执法事务的处分决定权。在水行政执法实践中，基层水管单位往往不是作为执法主体行使处罚权，而是受县水行政主管部门的委托行使权力，极大地限制了基层水管单位实施水行政执法的独立性和自主性，降低了执法时效性和快速反应能力，增大了执法成本和执法风险。新化县水政监察大队原先内设综合管理中队、河道监理中队和执法中队，三者横向分工，职能互不交叉，其间难免存在难以覆盖之处；且从纵向层面看，监察大队及所属各中队与乡镇、村级并非无缝对接，乡镇与村级主要是被督查的对象，在水行政执法中较为被动。

（2）水行政执法的威慑性不足，调查取证难。水行政执法一直是执法工作中较为薄弱的环节，水行政执法存在着调查取证难、处罚难等困难。由于水事案件的特殊性，执法人员难以找到有力的执法证据。同时，由于水行政执法的威慑性不足，执法人员在执法过程中困难重重，一些当事人采取避而不见或不予理睬的态度拒不配合，更有甚者，态度蛮横，谩骂打击、围攻执法人员，暴力抗法，一些相关证人害怕报复，不敢作证，地方政府行政干预现象比较突出，给执法人员调查取证带来相当大的困难。

（3）水行政执法能力低下，执法效果堪忧。首先是执法队伍薄弱，大量的执法任务落到县水行政机构少数人的肩上，使水行政执法人员普遍感到心有余而力不足，造成大量的“监管盲区”。其次是基层水行政执法人员的综合素质参差不齐，多数基层水行政执法人员都没有经过严格的培训就直接上岗，或虽然进行了各种形式的培训，但培训制度化不够，力度不够，导致法律法规知识和执法经验相对欠缺，在执法过程中常常出现法律文书不规范、条文引用不准确、关键证据缺失、执法程序错误等“硬伤”。

（4）水行政执法经费不足，配置、装备需要继续改善。根据水利部水政监察规范化建设要求，应为水行政执法配备必要的交通、勘察、通信等专业工具及装备。但是，由于改革前水行政执法经费没有单列，执法经费没有保障，执法装备经费缺口较大，办案装备不能及时配置或更新，导致水行政执法条件薄弱，极大影响了执法进展与成效。

（5）水行政执法工作缺少激励和约束机制。改革前，乡镇政府及相关部门对基层水行政执法不够重视，懒政、怠政现象较为突出，甚至出现地方干预现象，却缺乏有力的责任追究；基层水行政执法机构及工作人员在执法过程中面临较多的困难，在执法经费缺乏保障、执法能力严重不足的背景下，部分执法人员存在不作为、少作为的思想。对这些问题，还缺乏相应的约束机制；而对于勤勉尽责、兢兢业业的执法机构和人员，又缺乏必要的激励机制，导致执法积极性受到较大影响。

在此背景下，2015年6月，新化县作为省直管县、丘陵地区典型代表，在县委县政府的高度重视和积极争取下，被省水利厅列入全省3个水行政执法责任制试点县之一。通过认真调研和吸收其他省、市的经验做法，结合本县特点，按照“全覆盖，无盲点”和下移执法重心的要求，新化县政府出台了《新化县水行政执法责任制实施方案》和《新化县水行政执法责任制目标管理考核方案》，确定了试点工作目标，明确了试点工作责任和任务，并按照既定方案开展了试点工作，取得了较为显著的成效。

二、新化县水行政执法改革的主要做法

在水行政执法体制改革过程中，新化县坚持法治导向，以水域管理范围“全覆盖、无盲点”为抓手，全面创新执法理念，从全局的高度谋

划部署，清理规范各股室单位职能，压实各股室单位监管执法岗位职责，执行执法人员执法责任制和责任追究制，建立了符合本地需要的水行政执法体制机制。

（一）紧抓机构改革，填补监管盲点

针对基层水行政执法组织建设滞后、覆盖范围不足等问题，新化县人民政府出台《新化县水行政执法责任制实施方案》，按照“撤一建一”的精神，对全县水政监察执法机构进行改革，建立执法延伸机制，下移执法重心，向乡镇和村组延伸执法网络，建立县、乡、村监管长效机制，做到水域管理范围“全覆盖、无盲点”。

（1）将水政监察大队原内设综合管理中队、河道监理中队、执法中队调整为水政监察一中队、水政监察二中队、水政监察三中队，变横向分线管理为垂直分块管理。三个中队的执法人员全部挂点包干乡镇，督查、指导乡镇及水管所水政监察机构履职，及时掌握、查处各乡镇水事动态，确保水利发展环境稳定。一级一级职责分明，不留死角，各级执法队伍严格按照“有举必接，有接必查，有查必果”的要求，全面强化责任到位。其职责为：①负责全县重大水事违法行为、各乡镇和水库管理所上报案件的查处；②负责对乡镇和水库管理所水政监察工作的指导与监督；③负责对乡镇和水库管理所水政监察执法文书的审查；④负责跨乡镇水事违法行为的协调、查处，组织协调联合执法；⑤承担县委、县政府及水利局明确的工作职责与任务。

（2）将全县27个乡镇的水利管理站更名为“水利监察管理站”，新增水政监察职责。水利监察管理站管理方式不变，由各乡镇管理，受县水利局委托，依法行使辖区水政监察职责。其新增职责为：①宣传贯彻执行《中华人民共和国水法》《中华人民共和国防洪法》《中华人民共和国水土保持法》等水法律、法规、规章；②保护水资源、水域、水工程、水土保持生态环境、防汛抗旱和水文监测等有关设施；③对所辖区域内管理的水库、河道、山塘、渠道等水利工程的水事活动进行监督检查，维护正常的水事秩序，对公民、法人或其他违反水法规的行为，根据授权管理权限，实施行政处罚或采取其他行政措施；④配合县水政监察大队、县管水库管理所水政监察机构查处水事案件，调处水事纠纷；⑤承办县水利局交办的其他事项。乡镇水利监察管理站定员102人，具体情况见表7-1。

表7-1　各乡镇水利监察管理站水政监察员定员数表

乡　镇	水政监察员/名	乡　镇	水政监察员/名
上梅镇	4	天门乡	3
石冲口镇	4	琅塘镇	5
科头乡	3	金凤乡	3
维山乡	3	荣华乡	3
洋溪镇	4	桑梓镇	5
槎溪镇	4	曹家镇	4
水车镇	4	吉庆镇	3
文田镇	3	坐石乡	4
奉家镇	3	温塘镇	4
游家镇	5	田坪镇	3
炉观镇	6	白溪镇	5
西河镇	3	油溪乡	4
孟公镇	4	圳上镇	4
上渡办事处	2	合计	102

（3）在县管7个水库灌区均建立水行政执法机构，其中4个中型水库灌区的水利工程灌溉管理股更名为“灌管执法股”，3个小（1）型水库灌区加挂“水政监察执法队”牌子。其职责为：①负责各自管理枢纽工程范围内水法规的宣教；②水事违法行为的日常巡查和有效控制；③调查取证；④责令停工停产；⑤协助或替代水政监察大队送达文书；⑥协助参与重大水事违法行为的查处；⑦处理上级交办事项等；⑧一般水事违法行为简易程序的行政处罚，重大水事案件的处罚决定必须由县水政监察大队做出。统一使用县水政监察大队的执法文书，查处的水事案件必须在一周内到水政监察大队备案、审签。各灌区定员数共26名，具体见表7-2。

表 7-2　　各灌区水政执法机构水政监察员定员数

灌　区	灌区类型	水政监察员/名
车田江水库管理处	大中型	5
炉观坝水电管理所	大中型	4
半山水库管理所	大中型	4
梅花洞水库管理所	大中型	4
茅岭水库管理所	小（1）型	3
龙溪水库管理所	小（1）型	3
太平水库管理所	小（1）型	3

（4）在村级设立水政监察协管员，全县 1143 个行政村均由乡镇明确一名公道、正直、群众威信高、政治性强的人担任水政监察协管员。村级协管员负责辖区内水法规的宣教、河道的日常巡查，对水事违法行为及时发现、及时劝阻、及时报告，并作台账登记等。

（5）加强与公安机关的协同合作，增强执法威慑。由新化县公安局治安大队水上治安管理中队派驻县水利局挂牌办公，并派驻 4 名正式干警、12 名协警到县水利局上班，由县水利局调派和管理，人员、编制仍属于公安局。干警配合水行政执法人员进行执法，能够有效解决此前单一由水行政执法威慑不足的问题。现场执法如图 7-2 所示。

图 7-2　水行政执法人员执法现场图

改革后，水域实施“3+1”管理，即县、乡、村三级+水库管理所，其基本框架如图 7-3 所示。

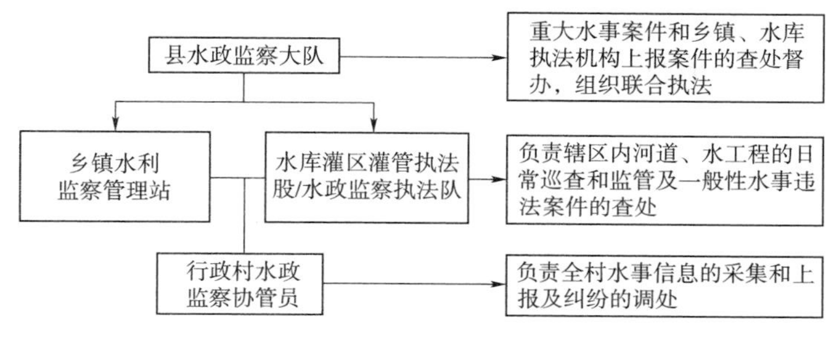

图 7-3　改革后的新化县水政执法体制

（二）规范执法活动，提升监管能力

在改革过程中，新化县将规范执法活动、提升执法能力作为机制建设的重心，重点采取了以下几方面的措施：

（1）规范行政审批，提升窗口服务质量。按照“两集中两到位”改革工作实施方案，所有行政审批内转外不转，由窗口统一受理、统一办结。审批事项、审批要求全部公示，审批时限缩短50%。

（2）规范执法程序。27个乡镇和7个县管水库管理所水政执法队伍全部由水利局配备摄像机、照相机、执法记录仪、录音笔等基本办案器材；同时做到“六统一”，即统一印章、统一挂牌、统一培训、统一发证、统一制度、统一装备。全面规范执法行为，真正做到执法重心下移，水域全覆盖，无盲点。

（3）建立信息畅通平台和快速反应机制。村级水政监察协管员对辖区内水事违法行为以电话、短信等方式向乡镇水利监察管理站报告，乡镇水利监察管理站对水事违法行为进行登记，做好书面记录；乡镇水利监察管理站以电话、书面等方式向县水政监察大队报告相关水事违法行为，水政监察大队有专门的人员收集、处理水事违法信息，进行快速处理；建立网络信息处理平台和微信平台供各级查询，实行资源共享。村级水政监察协管员在水事违法行为发生第一时间内进行制止并报乡镇水利监察管理站，乡镇水利监察管理站赶到现场处置；对重大水事违法行为在采取制止、处置等措施的同时，报县水政监察大队，县水政监察大队在2日内到现场查处。对出现的水事违法行为不报、误报、延报、漏报的，依规追究相关人员的责任。

（三）建立奖惩机制，落实执法责任

习近平总书记在首都各界纪念现行宪法公布实施三十周年大会上提出，“我们要健全权力运行制约和监督体系，有权必有责，用权受监督，失职要问责，违法要追究，保证人民赋予的权力始终用来为人民谋利益”。在改革过程中，新化县积极落实总书记的讲话精神，为落实权责对等，建立了较为完善的激励约束机制。

(1) 建立科学考评机制。由县委县政府督察室和县水利局一起承担考核评议，明确要求各乡镇、水库管理所切实履行水行政执法责任制的工作职责，建立健全管理规章制度，安排专门的办公场地挂牌办公，全面负责辖区内涉水工作管理；并将工作经费、村级水政监察协管员工资、评先评优等与考核评议结果挂钩。为规范考评程序，2015 年 9 月 11 日，新化县人民政府办公室新政办函〔2015〕120 号文件专门印发了《新化县水行政执法责任制目标管理专核方案》，并专门制定了《新化县 2015 年度乡镇水行政执法责任制工作目标管理考核评分细则》和《新化县 2015 年度县管水库管理所水行政执法责任制工作目村管理考核评分细则》作为附件。考核内容主要包括涉水法律法规、政策方针以及相关会议精神的贯彻落实情况，辖区水事违法行为的检查、处理、查处情况，以及辖区内水事问题引发的信访事件回复处理情况。考核满分为 100 分，得分在 90 分（含）以上的为优秀单位，70 分（含）以上的为合格单位，70 分以下的为不合格单位。

(2) 2017 年 3 月 9 日，新化县人民政府办公室新政办函〔2017〕28 号文件印发了《新化县 2017 年度水行政执法责任制目标管理考核方案》，对沿用两年的考核方案进行了部分修正：一是在考核内容里将“辖区涉水违建和河道非法采、洗砂的管控”纳入考评体系；二是对考核不合格的分值标准修改为 80 分以下（不含）。在考评基础上建立责任激励机制。

在进行考评的同时，新化县积极探索建立执法激励机制，将涉水行政处罚款的 70%作为水政监察工作经费返还给相关乡镇，村级水政监察协管员工资待遇与工作业绩挂钩，采用以奖代补的方式发放；另外的 30%设立奖励基金，对水事秩序好的乡镇、管理所和办案质量高、履职好、表现突出的监察队伍、执法人员给予表彰奖励。

（四）加大财政投入，健全执法保障

改革过程中，县财政加大对水政监察工作的财政投入，2015年投入60万元为县水政监察大队增配执法船1艘、摄像机2台、照相机3台、执法记录仪2台、计算机8台；对各乡镇和七大灌区执法机构的经费予以支持，投入90万元为各乡镇的水利监察管理站配备照相机、摄像机、执法记录仪、计算机等执法办案器材；县管七大灌区的水政监察队伍各配备照相机1台、摄像机1台、执法记录仪1台、计算机2台。

为保障水行政执法长效机制的顺畅运行，新化县每年将涉水行政处罚款的70%作为水政监察工作经费返还给相关乡镇。从2017年开始，县财政在每年度的财政预算中新增了30万元，以保证对水行政执法必要的经费支持。

三、新化县水行政执法改革的成效与经验

（一）改革成效：执法效果明显好转

试点以来，水行政执法责任制和河长制工作在新化县扎根落地，水事秩序和水生态环境明显好转，水利“软实力”和形象进一步提升，逐步实现了水事违法行为从事后查处向事前主动监管的转变，全县呈现出“河道有人管理，执法重心下移，水事环境稳定，采砂秩序良好”的局面，从而确保了人民群众的利益和行洪安全、水利工程运行安全。

试点第一年，查处水事违法案件同比增长220%，全县制止涉水违法行为268起，立案查处水事案件90件，处以罚款39万元，调处水事纠纷、回复上访64次件，组织联合执法行动26次，出动人员5000余人次，水上治安管理中队行政拘留非法采砂、运砂5人，完全取缔采砂船32艘。随着水行政执法责任制在乡镇、村组的扎根落实，监控力度的全面到位，水事违法行为明显减少，2017年同比减少85%，查处水事违法案件12起，制止涉水违法行为32起，确保了水利建设环境安全、工程安全和运行安全。

新化县水行政执法体制改革也产生了良好的社会影响。2015年，新化县作为省水行政执法责任制试点县，经验得到水利部、省水利厅的高度肯定，并连续两年在全省依法行政工作会上做典型发言。2016年，有6

个市（州）27个县（市、区）来新化获取经验；2017年，已有益阳市安化县水利局、邵阳市绥宁县水利局等6县（市）水利局来交流学习。

（二）经验归纳：水行政执法改革实现“六个到位”

改革过程中，新化县严格按照省水利厅部署的试点工作要求，出台政策、支持资金、协调关系、解决难题，全面创新执法理念，着力推进体制机制改革和能力建设，把责任制贯穿执法工作的全过程，充分调动、整合、凝聚水行政执法力量，水行政执法责任制试点进展有序，成效显著。总结其经验，大体上可以归纳为“六个到位”：领导重视认识到位，队伍建设能力到位，执法机制职责到位，信息采集监管到位，联合执法协调到位，督查考核激励到位。

1. 领导认识到位：高度重视、高位推动

2015年6月，新化县成为全省第一批3个水行政执法试点县之一，县委县政府高度重视，县委书记、县长亲自过问，全力支持。2015年8月31日，县长组织召开水行政执法现场办公会议；9月25日，县长组织召开了相关职能部门负责人、各乡镇长、乡镇分管领导、水管站长、七大灌区负责人参加的水行政执法责任制试点动员大会。在县委、县政府主要领导的支持和关怀下，采取了系列强劲有力措施，积极推进执法责任制试点工作。县政府出台《新化县水行政执法责任制实施方案》和《新化县水行政执法责任制目标管理考核方案》，明确具体工作目标、工作责任和激励措施，统一步伐保证质量。2016年又对《新化县水行政执法责任制目标管理考核方案》进行了完善，并将实施方案和考核方案付诸实施。在县财政经费极其紧张的情况下，县财政对水政监察工作投入150万元，其中60万元为县水政监察大队增配执法船、摄像机、照相机、执法记录仪、计算机等办公办案器材，90万元为各乡镇的水利监察管理站和县管七大灌区的水政监察队伍配备照相机、摄像机、执法记录仪、电脑等执法办案器材，基本满足了执法工作需要。2017年开始，县财政在每年的财政预算中又新增了30万元执法经费。

2. 队伍建设到位：全面覆盖、提升能力

为务实执法队伍，提升执法能力，理顺保障机制，新化县在队伍建设方面采取了以下措施：

（1）理顺职责。把县水政监察大队原来的综合管理中队、河道监理中队、执法中队更名为水政监察一中队、二中队、三中队，由横向分线管理转为垂直分块管理，各中队与相关责任乡镇无缝对接。全县有水利管理站的27个乡镇场办和7个县管水库灌区均建立水行政执法机构，均赋予其水行政监管职能职责。在村级设立水政监察协管员，及时沟通水事信息，掌握一手资料，真正实现了全县水域管理范围全覆盖、无盲点的目标。

（2）积极引进人才。县政府在人员编制非常紧张的情况下，同意县水政大队引进两名法律、水政监察专业人才，通过公开招聘、择优选录，现已全部到位。

（3）规范层层管理。县内27个乡镇场办和7个县管水库灌区新组建的34支水政监察队伍做到“六统一”，全县133名水政监察员由县法制办培训，参加全省统一考试，合格后发证，全部持证上岗。

3. 履行职责到位：上下衔接、职权分明

全县水域实施“3＋1”管理机制，即县、乡、村三级＋水库管理所。村级协管员负责采集全村有关水事信息，劝阻并制止有关水事违法行为，及时将信息上报到各乡镇水利监察管理站。2016年共收到村级协管员上报水事违法信息113条，各乡镇执法机构都进行了及时处理，水事矛盾纠纷大幅度减少。乡镇水利监察管理站建立日常巡查监管制度，负责辖区内河道、水工程的执法巡查、监管，每日登记在册；同时承担一般性水事违法案件的查处，重大案件呈报县水政大队督办。县管水库灌管执法股负责水库枢纽工程及其灌区的执法巡查、监管和一般性水事违法案件的查处，防止重大水事苗头。2017年2月，车田江水库执法人员在日常巡查中，发现库区涟源境内古塘乡大湾里村有3处水事违法行为，及时上报县水利局，在市水利局的督办下，涟源市水务局及时进行了处理，水事违法行为得到有效制止，没有扩大发展。县水政监察大队负责重大水事案件和乡镇、水库管理所执法队伍上报案件的查处，组织联合执法，同时，对乡镇执法队伍和县管水库执法队伍进行指导与监督，不定期开展检查，确保县、乡、村＋水库管理所各级职责到位。

4. 信息机制到位：渠道畅通、不留盲区

按照水域管理范围“全覆盖、无盲点”的要求，结合新化县河流多、水利工程多的特点，新化县建立了信息畅通平台。村级水政监察协管员对辖区内水事违法行为以电话、短信等方式向乡镇水利监察管理站报告，乡镇水利监察管理站对水事违法行为进行登记，做好书面记录；乡镇水利监察管理站以网络平台向县水政监察大队报告相关水事违法行为，实行信息互通互享。水政监察大队有专门的人员收集、处理水事违法信息，进行快速处理；为了方便群众，水政监察大队建立了信息报送和举报平台，提供短信平台、微信公众号等平台查询，实现多层次、多渠道、多方位的信息传送，确保信息可靠畅通。同时利用网络信息处理平台宣传水法规和执法动态。

5. 联合执法到位：协同执法、有效威慑

由于执法重心下移，乡镇和水库工程管理单位都明确了执法职权，确定了执法主体责任地位，实现了由被动执法向主动执法的根本转变；乡镇和管理所组建了执法队伍，执法队伍力量空前强大。对一些跨乡镇、全县都有的水事事件，大队组织集中联合执法，由此带来了执法效果明显好转的现象，初步呈现出巡查监督有力、信息反馈及时、河湖秩序良好、执法地位明显上升、执法效果显著的良好局面。

6. 激励约束到位：奖勤罚懒、各归其位

由县委、县政府督察室和县水利局一起承担对乡镇和水库管理所的考核评议，一年督查考核两次，年中督查，年底考核，切实督促各乡镇履行水行政执法责任制的工作职责。在2016年度的水行政执法责任制考核中，涌现出了3个成绩显著的乡镇和5个先进个人，对考核结果突出的金凤乡水利监察管理站奖励6000元，先进个人每人奖励600元。对不尽责履职、工作不认真负责、群众反映差的执法人员予以处罚，屡教不改的，调离执法队伍，通过考核，激励先进、鞭策后进，起到了很好的示范作用。

附件：新化县水行政执法制度清单

1.《新化县水行政执法责任制实施方案》

2.《新化县水行政执法责任制目标管理考核方案》

3.《新化县人民政府县长办公会议纪要》

4.《新化县水利局关于乡镇水利管理站更名为乡镇水利监察管理站的报告》

5.《新化县乡镇水利监察管理站职责和定员方案》

6.《新化县 2017 年度水行政执法责任制目标管理考核方案》